Patrick Avrane

（法）帕特里克·阿夫纳拉 著

华璐 严和来 译 姜余 校

金钱

从左拉到精神分析

GUANGXI NORMAL UNIVERSITY PRESS
广西师范大学出版社
· 桂林 ·

金钱：从左拉到精神分析

JINQIAN: CONG ZUOLA DAO JINGSHEN FENXI

策　　划：叶子@我思工作室
责任编辑：叶　子
装帧设计：何　萌
内文制作：王璐怡

Petite psychanalyse de l'argent
©Presses Universitaires de France/Humensis, 2018

著作权合同登记号桂图登字：20-2021-207 号

图书在版编目（CIP）数据

金钱：从左拉到精神分析 /（法）帕特里克·阿夫
纳拉著；华璐，严和来译. -- 桂林：广西师范大学出
版社，2023.2
　（我思万象）
书名原文: Petite psychanalyse de l'argent
ISBN 978-7-5598-5707-1

Ⅰ. ①金… Ⅱ. ①帕… ②华… ③严… Ⅲ. ①精神分
析 Ⅳ. ①B841

中国版本图书馆 CIP 数据核字（2022）第 249269 号

广西师范大学出版社出版发行

广西桂林市五里店路 9 号　邮政编码：541004
　网址：http://www.bbtpress.com
出版人：黄轩庄
全国新华书店经销
山东临沂新华印刷物流集团有限责任公司印刷
（临沂高新技术产业开发区新华路　邮政编码：276017）
开本：635 mm × 960 mm　1/16
印张：12.5　　插页：2　　字数：120 千
2023 年 2 月第 1 版　　　2023 年 2 月第 1 次印刷
定价：52.00 元

如发现印装质量问题，影响阅读，请与出版社发行部门联系调换。

中文版序言

三十年前，我第一次访问中国。那是一群朋友组织的为期数周的长途旅行，好几个家庭一起。当时我们使用的是两种不同的货币（monnaie）。

在那个年代，外国人需要用自己的货币去兑换外汇券，而中国国内流通的货币跟今天一样都是人民币。因此，专门给外国人使用的外汇券是很少见的。虽然票面价值与人民币的面值相同，但是外汇券可以用来在"友谊商店"等地方买东西。很快我们就意识到，这些外汇券很受欢迎，有时候，有人会以高于面值的价格从我们手头再买过去，我记得是比面值高约 50%。同时我们还发现，外汇券在很多店铺都不能用，日常生活需要的是人民币。

当然，我们每一个人都以自己的方式来使用这些外汇券。有的人尽量少用，有的人只在接受外汇券的地方用，有的人按面值兑换成人民币，还有人想以最高的价格兑换尽可能多的人民币。但如今我意识到，这些外汇券并不是货币。它们缺少了一个本质特征，就是流通性，即交换任何可用商品或服务的可能性，因为这些票券只能在特定条件下（友谊商店、特定的旅馆或餐厅、长途旅行，等等）才能合法使用。由此，这些外汇券将我们这群外国人排除在我们走访之地的日常生活之外，这是个困难，它不亚于我们和当地人交流的困难，因为在旅途中和当地人对话往往需要通过翻译。一旦涉及金钱（argent）就是货币的问题，一旦涉及货币就是符号性（symbolique）交流的问题。正是因为不能进行符号性交流，我们与当地人有种隔膜感。没有相同的货币，又没有相同的语言，这种交流变得困难重重。

但是，我记得在大运河苏杭段航程中的一个停靠点，在一个小村庄的市场上，我买了一个用竹子和金属制成的小刨丝器，这个厨房用具在我写这篇文章时就在我的眼前。当年我是用人民币买的，外汇券在这时派不上任何用场。那次购买，那种用货币换取物品的行为，让我得以跟制作并出售它的女人进行了交流。我们俩都笑得很开心，尽管我们说的话互相都要通过翻译才能听得懂。她向我解释这个器具的用途，如何用它来把蔬菜刨成丝或者削成碎片。能有这样的对话，究其根源是因为我们有着共同的符号性工具：货币。

如果只从肛门期的角度去考虑金钱，那么符号性的维度就被忽略了，金钱就只存在于想象性领域中，成了某种我们拥有、给予或是保留的东西，就像粪便被理解为婴儿献给母亲的礼物。[1] 从这个角度来看，外汇券和人民币是等价的，哪怕它们意味着与世界并不相同的关系。与当前欧洲的一些"当地货币"一样[2]，外汇券限制了经济的交流，更确切地说，它规定了在哪些主体之间才可以发生这样的交流。在此，货币被截除了部分的符号性功能，而符号性功能就是能够涉及所有主体间的所有交易的功能，这被经济学家称为流动性。

1　参见弗洛伊德：《性格与肛欲》（1908 年）；《冲动的移置，尤其是向肛欲的移置》（1916 年）。
2　参见本书第四章。

弗洛伊德熟知货币的流动性概念，并用它来形容焦虑。在1916年《精神分析引论》关于焦虑的章节中，他指出，"焦虑是一种处处流通的货币，当它所伴随的表象内容受到压抑时，就被换成或者能够换成所有的情感活动"[1]。某个特定的症状（担忧、恐惧症、强迫行为等）反映出一个主体的个人历史，并表达出一种被压抑了的无意识欲望。我可以称之为一种易货（troc）交易：每一个内容被压抑了的情感活动，都对应着一个症状。与此同时，焦虑伴随着所有这些被压抑了的活动。就像金钱一样，焦虑并没有绑定在某个特定的客体上，而是令所有的交换成为可能，因为它是流动的。如果说弗洛伊德在分析治疗中只是将金钱视为一种物品，那他在焦虑中则找到了货币的等价物。主体正是用这种货币来支付压抑。因此，一个分析来访者（analysant）在治疗中使用金钱来为会谈付费，是为了不再使用焦虑来为自己受到压抑的情感活动买单。这是一种货币兑换，在此，欧元和人民币都是一样的！

无论在西方还是中国，货币的发明都跟强制行动有关：一位主人（国王、皇帝、君主……）强制性地规定一块金属具有某个价值。在各国的记载中，公元前 500 年至公元前 200 年期间，在货币原型（proto-monnaie）（美索不达米亚的银锭，欧洲凯尔特的青铜斧，中国的贝壳、铲币或青铜刀形币）得到使用之后，本身并无多少价值的圆形金属片成为交换的工具。[2] 它是一种符号性的工具，保障其价值的就只有信任，必须有这种信任才能使用它。

抓住货币的符号（symbolique）维度，可以让我们理解每个主

<hr>

1　弗洛伊德：《精神分析引论》，巴黎，伽利马（Gallimard）出版社，1999 年，第 511 页。正是中国的精神分析师严和来，向我指出了弗洛伊德的这一段话。
2　参见本书第一章。

体与金钱的关系不仅限于力比多的活动，尤其是肛门阶段的性欲活动。发挥作用的是每个人如何登录[1]在这个世界。就这样，信任和不信任的问题组织起一个人与金钱的关系。比如说，一个吝啬鬼敛财是为了守住财富，他担心货币会贬值，因而生活在不信任中；而对一个挥霍者来说，货币的贬值则能够合理地解释他为何如此挥霍无度。

信任和不信任为移情（transfert）定下了正向或负向的基调。在支付治疗费用的时候就存在这种移情的印记。当一个分析来访者用货币支付其治疗费用时，他可能是从口袋里掏出皱巴巴的钞票，或是递上一张就像熨过一样挺括的钞票，就像弗洛伊德提到的病人一样：他拿出来的钞票是如此精美，让弗洛伊德以为是新的，而实际上对这个人来说，这是为了掩盖自己用肮脏的手所做的不太干净的事。[2]但是，当弗洛伊德向他指出这一点时，病人却一去不复返。移情调转了方向。

不过，无论移情是正向还是负向，无论钞票是干净还是肮脏，是光滑还是皱巴巴，货币的价值都没有改变。精神分析家和分析来访者对于货币有着同样的信任。他们都同意，用于支付会谈的那张纸片相当于一定金额的人民币或者欧元，其价值是有保障的。

1　登录，其动词形式是 inscrire，指写入、刻入、记入、进入某个领域里；其名词形式是 inscription，经常指在某个领域里的痕记、记号、记录、铭文；在精神分析文献当中，它也常指整个写入或进入的现象。本书采用目前已存在的译法，译成"登录"，指进入某一领域的现象或者行动。法语当中还有一个词 registre，也常常表示登记或者登录，但是这个词主要指记录的地点，所以本书将其翻译为"领域"或"登录范畴"。

2　参见弗洛伊德：《对强迫性神经症个案的评注（鼠人）》（*Remarques sur un cas de névrose de contrainte [L'Homme aux rats]*，1909 年）。弗洛伊德在这段话中提到的个案不是鼠人，而是另一个男人，他的性行为是为年轻女孩手淫。《弗洛伊德全集／精神分析·9》，巴黎，法国大学出版社，第 170—171 页。

因此，无论在法国还是中国，为治疗付款的时候，金钱想象的一面和符号的一面都会再次相遇，并超越了文化和语言的差异。

帕特里克·阿夫纳拉

2022 年 11 月

目 录

感谢经济学教授阿尔弗雷德·加里松（Alfred Galichon）

给予的帮助和明智的建议

序　言

　　朋友聚餐已近尾声。买单的时刻来临，有时我们说这是痛苦的时刻，有时则会说这是褪去伪装的时刻。有这么一个男人或者女人，一位大老板，宣告要为大家买单，即使后来又会叫喊："总是这样，又是我付的钱。"有些人会反对说"那可不行，各付各的吧"，或者"不，今天我来买单"，说着就很坚定地去掏自己的钞票或者银行卡，而当别人不过是依照惯例表示拒绝时，他们伸向钱夹或挎包的手都很快地缩了回去。

　　尽管如此，分摊费用的决定最终占了上风，另一幕又随即上演。主角之一很快就退缩了，这个人向来没钱。"帮我付一下，我晚一点再还给你。"他对同桌吃饭的另一个人说。掏钱垫付的那个人可没有受骗上当，按照他跟借款人关系的远近和对其禀性的了解，他要么高声宣告，要么心中默念："没错，上帝会还给我的。"

　　随后，艰苦的谈判阶段拉开序幕。慷慨者坚持说："好吧，但是酒水钱算我的。"节俭者（économe）高兴之余，心中盘算着：早知道这样，刚才可能就同意点一瓶更贵的酒了。但是，那个无论如何都不愿意欠人情的人喊了起来："不行，我们分摊！"总会有个人拿出一支笔，或者打开手机里的计算器。而守财奴会反对说："我、我可没有吃甜点，而且我点的菜很便宜。"

服务员自觉地走开了，他知道这可能持续很久。因为关键不是一张待付的账单，牵涉的不仅是单纯的钱的问题，而且是每个人与世界、与他人、与自己的关系。

金钱的流通不仅属于经济学领域。和使用言语一样，我们使用货币的方式是因人而异的。有沉默的人和吝啬的人，也有健谈的人和慷慨的人，有悦耳的口音也有低沉的嗓音，有闪亮的金币也有破旧的纸币。我们用金钱来做什么，就像它用我们来做什么一样，反映了驱使着我们的欲望。

第一章 货币

唐克雷德（Tancrède）并不贪图富贵，但也不缺钱。问题是要知道这两个说法是否有关联：唐克雷德对金钱的态度是否跟他的财务状况有关，而物质上的宽裕是否能令他免于焦虑以及其他跟金钱有关的症状。

谈论金钱

有些人会认为只能跟精神分析家去探讨这种问题。人人都知道那句谚语：富裕健康总好过贫穷多病。但是精神分析修正了这个显而易见的事实，发明了这样一个概念：贫穷和疾病可以是继发性获益的来源（经济学的隐喻在精神分析理论中很常见）。弗洛伊德认为，"贫穷的神经症患者非常难以摆脱其神经症……他从中得到的继发性获益是相当可观的。他本来没能因物质上的贫困而获得同情，现在则以其神经症的名义来追讨，而且还免除了通过工作来摆脱自身贫困的义务"[1]。精神分析的发明者在 1913 年说的这番话，一个世纪之后，他的继承者们已经很难再这么说了。

唐克雷德既不是富翁也不是穷人，他为自己的心理治疗会谈买单。在他的治疗开始几个月之后，金钱问题以反常的方式冒了出来。事实上，他觉察到自己对金钱的自如态度有时会引起别人的恨意。他试图通过分析来摆平自己的情感关系，因为他对爱的渴望被这种他无法理解的恨意所破坏，这种恨意是他在会谈中才意识到的。在进行心理会谈之前，他从未说起过自己的这种不安。两个事件相互交织，像通常那样，对后一个问题的理解会启发对前一个问题的思考。

眼下，唐克雷德正面临一种常见的财产继承问题。一位近亲长辈最近去世了，留下了一笔遗产，唐克雷德需要与五位家庭成员共同继承。同样常见的是，遗产的分配会带来谈判，有时还会引发冲突。成员之间的竞争，以及每个人与逝去的亲人之间不同的情感关系再次上演。在这个案例中，遗物的分配并没有什么困难。每个人都找到了寄托哀思的东西。对某人来说是一件家具，对其他人来说是一件首饰，或是一幅画，一些书，一套餐具。在大家的同意下，其他的财产也得到了估算。接下来就要考虑金钱财产的分配了。令唐克雷德吃惊的是，继承人之一、他的一位表弟，此时却在制造大麻烦。他想方设法争取更多的遗产。在正式会见了公证人之后，大家在公证事务所附近的一家咖啡馆里继续讨论。在心理会谈过程中，唐克雷德没有转述他们交谈的内容，而是描述了他们离开吧台的那一刻。当时每个人都在准备付账，只有小气鬼表弟做出一副要

1　弗洛伊德：《治疗的开始》（Le Début du traitement），见《关于精神分析的技术》（De la technique psychanalytique），巴黎，法国大学出版社，1953 年，第 92 页。

走的样子。唐克雷德很生气，提醒表弟说没人请他喝咖啡，每个人都要自己买单。正是在那一刻，他在对方的眼神中觉察到了一丝恨意。

这件事让唐克雷德想起几年前的一次经历。他有两个女儿和一个儿子，当时年龄在八到十二岁之间。他和一帮朋友谈起大家共同关注的给孩子零花钱的问题。有些朋友会按月或者按周固定给一笔钱。这些钱用来支付休闲和娱乐活动，有时候也用来买文具和支付交通费，但是不包括衣物，除非是一些毫无必要或太过昂贵的衣物。另一些朋友更愿意为孩子所做的家务付费。最常想到的两个例子是修剪草坪和洗车，不过，因为大多数人都住在大城市里，所以还能想到为奶奶跑腿买点东西或者遛遛狗之类——除非宠物是孩子自己的。还有一对父母是为成绩付费的：每高出平均分 1 分[1] 就给多少奖励。朋友们满口说的都是责任、金钱的价值和工作的价值。唐克雷德却反驳说这会滋生讨价还价和无理取闹。他问朋友：那么 0.75 分算多少钱？打扫房间所得的报酬是不是等于给长辈送药的报酬？但是后者则是可以跟喜欢的朋友一起散步就能顺路完成的。对他本人来说，这个问题是不存在的。他家里准备了一个装着钱的盒子，每个人需要多少钱就从里面拿。

这激起了公愤。"当然了，你有的是钱……"唐克雷德并不比其他人更有钱，但是作为一个商人，他可以不带情绪地处置硬币和钞票。尽管他和妻子给大家解释说他们这样的做法能够建立信任感，却没人能够理解。在场的一位母亲目光凌厉，脱口而出："你应该感到羞耻！"一段友谊就此告终。在从表弟的眼中察觉到同样的目光之后，唐克雷德明白了，打破金钱的禁忌可能会引发仇恨。他是唯一一个敢于提醒小气鬼表弟拿钱出来的人，正如他和妻子也

---

1 法国学校的评分制度中一般满分为 20 分。译者注。

是唯一没有专门设立仪式去为子女生活所需发放钞票的人。

嫉羡与嫉妒

嫉羡（envie）与嫉妒（jalousie）有时会交织在与金钱的关系当中。唐克雷德发现了这一点。在小气鬼表弟身上的是一种嫉妒，他渴望独自占有和不愿分享的东西是金钱。嫉妒的人是守财奴，总想要收集有价值的东西并守住自己的财宝。相反，唐克雷德在他的朋友——那位愤怒的母亲身上感受到的那种嫉羡，却不一定意味着聚敛（accumulation）或者吝啬（avarice）。嫉羡意味着竞争（rivalité）、垂涎（convoitise）和贪财（cupidité）。这是一种欲望，想占有不少于他人的钱，从中获得不少于他人的享乐（jouir）。嫉羡往往是无法扑灭的，因为我们总能假设别人拥有的更多，也可以想象别人感到更加满足。

我们要知道这两种态度对应着金钱的两面。一方面，它是一种物。金钱，无论以什么形式出现，它都是最终客体（objet），它纳入了所有的客体，因为原则上它可以衡量所有东西的价值。吝啬鬼，例如迪士尼动画片《麦克老鸭》（Picsou）中的主角，把收集来的纸钞硬币藏在一个保险箱里，就像嫉妒者把他的美人关在一座高塔里。嫉妒和吝啬之人都善于看管、不愿分享他们的钱财并想方设法阻止他们的钱流通。另一方面，如果一个人真能占有所有的金钱，那么钱从不被使用的那一刻起就会变得毫无价值。就算最光彩夺目的公主，一旦被囚禁在城堡里，除了她的主人之外再无别人注视和欲求，那她也会明珠蒙尘。很快，她就再也激不起人们的嫉羡。有很多故事可以解释嫉妒和吝啬导致的各种不幸。

因为金钱首先是一种交易物。它让我们超越了以物易物（troc）；它被用来买和卖；它可以用来偿还债务和履行义务——这是货币的清偿能力。似乎拥有它就能进行所有的交易。于是金钱成为欲望的对象（objet），不是因为它的价值，而是因为它所提供的东西——我们花钱的时候期待获得的快乐。

嫉羡关注的与其说是金钱，不如说是拥有金钱的那个人。就像圣奥古斯丁所描述的那个小孩，紧盯着他吃奶的弟弟在吮吸奶妈丰满的乳房，嫉羡着他在弟弟身上看到的那种富足。[1] 贪财之人认为，金钱的流动给富人带来了某种享乐（jouissance），自己却被排除在外。他不打算像吝啬鬼一样攒钱，也不嫉妒邻居所拥有的金币。他希望享受财富的流动，他渴望那种持有金钱所带来的解放性的力量。我们看到，嫉羡和贪财，与嫉妒和吝啬形成了对比。

毫无意外，在左拉的《第二帝国时期一个家族的自然史和社会史》[2] 中，我们再次见到了在嫉羡与嫉妒、贪财与吝啬之间的这种对称。卢贡–马卡尔（Rougon-Macquart）家族的庞大历史也是关于金钱的历史。从第一部小说《卢贡家族的家运》开始，爱弥尔·左拉就展示了每个角色对待金钱的方式。皮埃尔·卢贡和他的长子尤金——两个因拿破仑三世政变而获得权力和金钱的嫉妒者——之间的那种默契，激起了卢贡的小儿子阿里斯蒂德的嫉羡。

1　参见圣奥古斯丁：《忏悔录》（*Les Confessions*），第一册第七章，《文集》第一卷，巴黎，伽利玛出版社，《七星文库》，1998 年，第 789 页。
2　即《卢贡–马卡尔家族》（*Les Rougon-Macquart*），这是法国作家爱弥尔·左拉（Émile Zola，1840—1902）创作的鸿篇巨制，包括《娜娜》《萌芽》《金钱》《崩溃》等二十部长篇小说。译者注。

吝啬与贪财

不过，在名为《金钱》的那部小说中，吝啬与贪财之间的竞争才表现得淋漓尽致，这种竞争以暴力推动着这部小说。阿里斯蒂德，即日后的萨卡德（他第一任妻子的姓氏），是破产之后没落的金融家，满心嫉羡地琢磨着证券交易，而他的哥哥尤金·卢贡，国家的实际主宰者，却没有跟弟弟分享一丝一毫的权力，也就是他的财富。尤金唯恐失去他的权力，就像布希唯恐失去他的黄金一样。布希是书中一个次要的但标志性的人物。他是一个狡猾的商人，也放点儿高利贷，吝啬到了极点，只有在用颤抖的肥硕手指抓住破产的伯爵夫人带来的闪着美妙光泽的红宝石时，他才会欣喜若狂。在《金钱》中，尤金·卢贡和布希躲在暗处，他们一边等待一边小心翼翼地守护着自己的财宝，而萨卡德则在嫉羡与贪财的驱使下进入了新一轮的投机。

"一条财富之河流经他的双手，他却从未将命运驯服。"[1]萨卡德居住在帕克托河（Pactole）沿岸，这条河穿过克罗伊斯[2]的吕底亚王国，流光溢彩。他爱炫耀财富，但其财宝转瞬即逝，富足也不堪一击。"他爱金钱不是为了节省下来，攒成金山银山，藏在地窖里面。不！如果说他想到处播撒金钱，从无论什么源头汲取钱财，那是为了看到它们像洪流一般在他家中流淌，是为了从中得到所有的享乐。……他真的是财富的诗人。"[3]有了他，金子会闪耀、积聚、

---

1 左拉：《金钱》（*L'Argent*），《卢贡-马卡尔家族》第五卷，巴黎，伽利玛出版社，《七星文库》，1967年，第16页。（本书所引用文学作品段落均为译者所译。译者注。）
2 克罗伊斯（Crésus）是公元前6世纪爱琴海海岸的吕底亚王国的国王，西方用其名字来指代富可敌国的人，常说"像克罗伊斯一样富有"。译者注。
3 左拉：《金钱》，第218—219页。

流动，但是也会褪色、消散、干涸。

取材于 1878 年成立、1882 年破产的联合总银行（Union générale）的真实历史，左拉在书中描写了萨卡德创立的环球银行的投机性崛起和随后的破产。这个机构向公众募集资金和存款，用来开发中东地区。矿业勘探鼓舞人心，铁路网线已在规划，航运公司也纷至沓来。开端是如此充满希望。银行的钱为工程提供了资金，创造了价值。普罗大众的所有积蓄和压箱底的钱都蜂拥而至。环球银行的股价不断上涨。萨卡德发财了，梦想着他的渴求得到满足。

> 这已不再是装点门面的虚假财富，而是货真价实的金砖王权，坚实地端坐在满当当的钱袋之上。而且这个王权……他骄傲地吹嘘说自己已经征服了它，就好像一个冒险的船长赤手空拳就占领了一个王国。[1]

然而，工业游侠极少能赤手空拳建立王朝。在萨卡德的操纵下，股价的攀升超出了合理的范围，同时那些项目陷入了一片迷雾：铁路网络并不契合地形，矿坑也是四处分散的。信任就此崩塌，老牌银行家们才是真正的国王，他们吹响了号角，于是股价暴跌。一些消息灵通人士及时止损，甚至还抽身获利。绝大多数储蓄者则以破产告终。尤金·卢贡吝惜手中的权力，没有采取任何行动来帮助他弟弟免遭破产；布希可以给自己的财富添上一些被毁家庭的珠宝。吝啬战胜了贪财，嫉妒者战胜了嫉羡者。但是，战斗不会就此停息，流落荷兰的萨卡德又发起了一项新的浩大工程，就是清除巨大的沼泽，填海建造一个小王国。

1　同前，第 254—255 页。

反复上演的一幕

历史上类似的场景反复上演。在 21 世纪初的世界里，有被估价过高的美国房产。[1] 在路易十五时期的法国，有约翰·劳于 1720 年的破产。[2] 他的机构变成国有银行，其股价被哄抬至原价的四十倍。这家银行的估值是基于所谓密西西比财富的买卖，它显而易见是被高估了。当波旁公爵和孔蒂公爵驾着马车奔赴甘康普瓦大街的办公室去收回他们的黄金时，人人都是这么想的。于是恐慌四处蔓延。纸币迅速贬值。少数人发了财，大多数人则破了产。劳先生逃到了布鲁塞尔去避难。在相当长时间里，法国不再信任银行，其中最大的几家（法国兴业、里昂信贷……）甚至抹去了银行的称号，与此同时，创立于 1694 年的英格兰银行则蓬勃发展。因为在伦敦金融城里，没有一个王公贵族对金融心存疑虑，他们的奥兰治王室与各位金融家之间、政治与经济之间的关系足够牢固。信心占了上风。或许，只要身为部长的尤金·卢贡同意参与他弟弟萨卡德的生意，就足以让银行家萨卡德的投机活动无往不利，而《金钱》这部小说的续篇就不会是《崩溃》。

当然了，经济学家和金融家们解释说，18 世纪是摄政王时代，19 世纪是工业革命时代，21 世纪是全球化时代，各个时代的运作机制并不相同。但是，它们都基于这样一个前提：把财产变成货

1　指爆发于 2007 年的美国次贷危机。译者注。

2　约翰·劳（John Law，1671—1729），欧洲金融家，因推行纸币、引发通货膨胀、导致金融崩溃、造成"密西西比泡沫"而闻名。译者注。

币就是制造信用。这种信用完全建立在对交易背后的话语的信任之上。一旦话语被当作谎言，或只是令人生疑，信任就消失了，信用就坍塌了。总之，我们把信用授予那个说话算话的人。辞说（discours）的可信度支撑着金融信用。一直以来，金融交易的都是诺言。[1]有些诺言兑现了，有些却没有；信用带来的回报，就是风险的价格。因此，问题的关键就在于我们如何去衡量风险。虽然，除了自认为是上帝的人，没有人能预知未来，能确定哪场风暴会弄沉威尼斯商人的船只，能猜得到某次地震发生的日期和造成的后果。但是，我们还是有可能得益于某些信息，比如得知安东尼奥的大商船有多牢固，或者了解某个地区的建筑物能不能承受地震的风险，等等。话语信息是流通的。

因此，我们要明白金钱跟其他的东西不是一回事，它属于语言领域，离开人类的交换，它也不会存在。动物是没有能力发明金钱的，无论它们的实际智力如何，交流能力怎样，哪怕它们懂得以物易物也不可能。事实上，金钱不仅属于口头语言的范围，而且还延伸到了书写的范围。没有书写就没有货币，而没有货币无疑也书写不了多久。[2]

从此之后，精神分析家就算总是乐于回答一切问题，也不能只满足于用心灵世界的起伏跌宕、个人历史的变幻莫测，或者某句话语的曲解方式，来解释某些人与金钱之间关系的变质。因为，虽然

1　参见皮埃尔-诺埃·吉罗（Pierre-Noël Giraud）：《诺言的交易》（*Le Commerce des promesses*），巴黎，瑟伊（Seuil）出版社，《经济观点》（*Points Économie*），2009 年。

2　参见皮埃尔·薛吕（Pierre Chaunu）：《字母与金属》（La lettre et le métal），见《如何看待金钱？》（*Comment penser l'argent?*），罗杰-坡·德瓦（Roger-Pol Droit）选编文集，巴黎，世界（Le Monde）出版社，1992 年，第 175 页。

说金钱的特殊之处在于它像语言一样是一种由符号支撑的交易手段（不同于易货），但是它也具体化身为一些物品：硬币、纸币、支票、各式各样的记账方式……当我说话的时候，我使用的也是语言的符号体系，但是从我嘴里说出来的词，则不用写在一些小纸片上或者刻在一些金属圆片上，也不像我付款时得从钱包里拿出钞票或是在一个屏幕上输入一串数字。金钱的形式多种多样，它也有自己的历史，而且这个历史还没有结束。

当然，总会有像卢贡和萨卡德那样的人，有嫉妒者和嫉羡者，有吝啬鬼和贪财者，但他们都一样吗？唐克雷德的小气鬼表弟，和他的朋友中那位想让他感到羞愧的母亲，两个人觊觎的是同样的金钱吗？唐克雷德继承的钱和他让儿女们随便拿去用的钱是同一回事吗？

> 我们承认……从这一源头（肛门）派生出来的变形的性欲最重要的表现之一，就反映在处理金钱的方式上……我们已经习惯于将金钱所引发的兴趣归结为排泄的快乐（就其具有力比多性质而不是理性性质而言），同时要求一个正常人要保持他与金钱的关系完全不受力比多的影响，而且要根据现实要求来进行调节。[1]

1　弗洛伊德：《一例儿童神经症的病史（狼人）》（Extrait de l'histoire d'une névrose infantile [L'homme aux loups]），见《五大案例》（Cinq psychanalyses），巴黎，法国大学出版社，1966 年，第 378—379 页。亦参见《性格与肛欲》（Caractère et érotisme anal），《弗洛伊德全集／精神分析·8》，巴黎，法国大学出版社；《冲动的移置，尤其是向肛欲的移置》（Des transpositions pulsionnelles, en particulier dans l'érotisme anal），《弗洛伊德全集／精神分析·15》，出版中；标题跟其他版本过于不同时，我把其他版本的标题放入括号中。

如果只满足于这种弗洛伊德式的习惯，把对金钱的兴趣——吝啬或者慷慨——联系到肛门快感的固着上，那么我们就只注意到了金钱用途的一个特性：以硬币和纸钞来赠予或支付。这种举动被类比为排便，被理解为孩子给出的第一件礼物。照这个著名的观点看来，有守财的人也有花钱的人，有便秘的吝啬鬼也有腹泻的慷慨者。一个正常人应该压抑自己的肛门性欲。因而金钱成为一个铭刻在现实中的理性客体；金钱的存在只是为了便于交换，它是一个中立的元素。这是我们直到 19 世纪都抱有的想法，弗洛伊德似乎就是这样理解的。然而，我们知道从来就不是这样。金钱不是为了易货而发明的。它从未免于力比多的影响，不过这些影响不一定属于肛欲阶段。非理性，至少是以权力问题（即信任问题）的形式，从一开始就存在着。

金钱不存在

　　金钱并不存在。这个词不过是语言特有的一个换喻：表示所有货币集合的钱币贵金属的名称。俗称则更为形象，使用了很多隐喻：比如小麦（blé）、三叶草（trèfle）、酸模（oseille）、金块（pépètes、pépites）等可以表示收获或者采集的东西；灰钱（grisbi）、烩（fric）、搞（trafiquer）、逮（pognon）等可以反映收获的情形；圆片（ronds）、饼子（galette）、苏（sous）、零碎（picaillons）等，就像银币（thune，本义是施舍，后指五法郎银币）一样，可以看出钱币一直以圆片的形式出现——毫无疑问，这样钱才能更好地滚动。不过，"如果说钱对于慷慨之人来说是圆的，那么对于堆积钱币的节俭之人来说它则是平的"[1]。在巴尔扎克的小说《猫打球商店》中，呢绒商的女儿迷恋上了一个傻小伙，呢绒商对女儿就是这么说的。

无论是圆的还是平的，货币就这样存在着。同样，语言也不会独立于运用语言的那些舌头之外而存在。话语的起源，除非将其联系到那些使得语音发音成为可能的解剖学条件，否则不可能比人与人之间的物物交换或服务交换的起源更为确定。言辞的交换和物资的交换是人类所固有的。反过来，我们了解了书写的历史和史前史，也就知道了货币的历史与史前史。它们出现的地点和时期虽然并不完全一致，但它们出现的领域是相似的：书写和货币促进了记账和权力。

在公元前第四个千年后期，美索不达米亚地区出现了已知的最早的文字，它略早于古埃及的象形文字，远早于印度、中国或中美洲的文字体系。通过对这一时期的考古，我们知道当时发生了什么。为了保障一份买卖合同、确定所有权，人们把一些"算石"（calculi，就是用来代表商品的黏土制的小圆柱体、锥体或小球）封装在同一材料的泡状封壳中。在必要时只需打破封壳就可以核对协议或财产的内容。后来，封壳表面的标记就能表明其内容了，从此不需要再打开。最终，"算石"和封壳都消失了，只留下写有标记的封壳表皮。这就是最初的账簿、会计凭证和法律文书，是比楔形文字还要早的文字原型（proto-écriture），楔形文字出现在公元前 3300 年左右，并在第三个千年初期得到了普及。但是，从统计一群羊的数量的记账标记，到一种能用来介绍羊肉汤食谱或者首次记载洪水的文字，意味着一种质的飞跃。在所有的文明中，代表音素或单词的符号之

1　巴尔扎克：《猫打球商店》（*La Maison du chat-qui-pelote*），见《人间喜剧》第一卷，巴黎，伽利玛出版社，《七星文库》，1976 年，第 71 页。

谜，在一开始都是国王和诸神的特权。[1]

在美索不达米亚，在那个时代，货币还没有出现。虽然大多数交易都是易货贸易，偶尔才记录在黏土板上，但一些重要的交易则是通过银锭来进行的，这些银锭会被切割并称重。贵金属的质量有时通过一枚担保其纯度的印章来保证。交易是基于价值相当来进行的。在这里，钱和购买的物品都以同样的身份存在。"算石"是山羊或羊群的标记，金属块则以贵金属的重量代表羊的准确价值（双方达成一致的那个价值）。这种价值的一致性随着货币的出现而消失，货币是一种新的突破，是符号界的又一个入口。

这一过程不无暴力。因为货币的原则就是流通性，意味着它是唯一一个能够立即与任何物品进行交换的客体，所以怎么创造一种货币而无须一个主权来强制使用它并为它担保呢？[2]

被掺假的货币

普遍认为，在我们的文明当中，货币的起源可以追溯到公元前560年前后的吕底亚，一个位于爱琴海沿岸的小亚细亚王国。帕克托河——这个名字流传了几千年——灌溉着吕底亚的盛产天然金块的首都，那是一种天然的金银合金。一代又一代的国王用这种本

1　参见《文字的起源》（*Naissance de l'écriture*），巴黎，RMN出版社，1982年；让·博泰罗（Jean Bottéro）：《美索不达米亚：文字、理性与众神》（*Mésopotamie. L'écriture, la raison et les dieux*），巴黎，伽利玛出版社，1987年；《古代东方导论》（*Initiation à l'Orient ancien*），巴黎，瑟伊出版社，《观点》（*Points*），1992年。
2　参见米歇尔·阿格列塔（Michel Aglietta）、安德烈·奥尔良（André Orléan）：《暴力与信任之间的货币》（*La Monnaie entre violence et confiance*），巴黎，Odile Jacob出版社，2002年。

土的贵金属制成了最初的钱币。当冶金技术使得金银分离成为可能时，国王克罗伊斯引入了双金属本位币。人们在胚型（重量固定的圆盘）上冲压出一个写着其价值的背面，和一个印着公牛、狮首、绵羊等图案的正面。这些硬币的独特之处在于，从一开始，它们的黄金含量就少于背面所示的面值。钱币学家和历史学家们直到最近才发现这一点，因为价值肯定相等这个想法一直占据上风。这个差额，即钱币面值高于钱币本身黄金含量的比例，在20%左右。因此，金属胚上的标记并不是一个担保合金纯度的印章。跟质量得到验证的银锭不同，钱币看上去就是掺了假的。尤其是当它被输出到发行国以外的时候，就更是这样。那时候，商人们只能以金属重量的价值来做交易，这就是为什么在很长一段时间内，银锭一直是交易的工具。而钱币的目标不是让易货贸易畅通无阻，而是让符号权力得到确认，钱币的价值不在于它的真实（réel）重量，而在于它所携带的铭文。在钱币这里，我们看到，符号的维度取得了领先。不过，要保持住这一点只有依靠信任，无论是出于主动还是被迫，都得信任那个制造钱币并担保其价值的人——主人、国王或是国家。

正因如此，铸币不同于我们通常所说的原始货币（monnaie primitive），原始货币是被用来买东西的那些人造或天然的物品：比如商贩或探险家们经常搜罗的玻璃饰品，在非洲和亚洲常被使用的贝壳，凯尔特人或中国人的青铜斧头，阿兹特克人的可可豆，等等；别忘了"工资"（salaire）一词来自"盐金"（salarium），就是一开始罗马百夫长所获得的报酬，也别忘了"积蓄"（pécule）和"卢比"（roupie）这两个词会令我们想到家畜（牲畜在拉丁语中是pecus，在梵语中是rupa）。某种货币原型随时都有可能再次出现：课间休息的操场上大受欢迎的糖果、弹珠或者时尚图片；兵营或监狱中的香烟；盐作为一种记账单位，如今被一些自认团结一致的小型社团用来结算交易。在这些用法中，看起来没有主人，而是当事人之间的一种协议，是一些用来佐证所说话语的物品，不需要文字的符号。我们知道，它们的基本功能仅限于在易货贸易中实现，就像出现在吕底亚钱币之前的银锭那样。

货币原型如今似乎被写入了一种社群梦想中，在那里不存在金融，债务总是能够得到偿还。没有以眼还眼，以牙还牙，而是拿三公斤胡萝卜加一颗卷心菜通过盐去交换一个小时的熨烫服务，或者是拿三颗玻璃珠去交换一块用小怪兽图片换来的玛瑙，然后我们就扯平了。这无疑就是一些接待儿童的精神分析家们所谓的象征性（symbolique）付费的基础。每次会谈时，小患者都应该带来一张盖戳的邮票、一块小石头或者一枚硬币。这是他所付的报酬，这样他就不欠分析家任何东西——真正的报酬分析家会从别处获得。

易货的暴力

我用玛瑙跟皮埃尔换来了玻璃珠，但是，谁能保证玛丽会接受我用玻璃珠跟她交换我想要的图片呢？课间休息的操场上也会发生经济危机，玩具箱底还剩下一些足球运动员的图片，一些怪兽的小塑像，一些钥匙扣或者别针，这些东西失去了它们的光环，同时也失去了它们的交换价值。货币可以让这个问题彻底改观。它可以让我们把别人想要什么的问题放在一边。我不再需要去问玛丽要不要我的玻璃珠，不需要知道她是否想用玻璃珠来换雅克的小塑像。我也不需要了解雅克想不想要玛丽的玻璃珠，不需要了解他是否觉得马德兰会喜欢这些珠子，不需要了解马德兰是否愿意接受珠子然后把小汽车换给雅克。可以看到，如果没有货币，我们就会没完没了地去问别人想要什么，因此，也就不会有答案。反过来如果有了货币，我的欲望就不再依附于别人的欲望。我就不再需要皮埃尔的玻璃珠，不需要去假设通过转手玻璃珠给玛丽和雅克，从而让这些珠子能够取悦于马德兰，不需要去假设她也想交换这些珠子……货币在我的欲望和他人的欲望之间设立了一个距离，它完全一视同仁地俯瞰着这些客体。[1]

经济学家们借用了一个现代史的例子，来说明在没有货币的情况下，交易是如何发生的。[2]背景不再是学校的操场，而是一个受灾的地方。"二战"结束，投降之后的德国面临的是一片废墟。从1945年5月起，到1948年6月货币改革建立德国马克，这期间旧马克被弃用，没有一种货币能完全取代它。为了生存以及获得最低限度的生活必需品，居民尤其是城市居民，又回到了易货贸易中。很快，超过一半的交易都采取了这种方式。要让易货顺利实施，就得遵循双重契合的原则：我有一双鞋，想要用来换一些黄油，而弗朗茨有黄油，也在找一双尺码正好相同的鞋。我们俩交换一下，交易就完成了。

显然，类似的情况不可能推而广之。在小规模的社群里，在小村庄和家庭中，这要容易一些，因为大家都知道彼此拥有什么，想要什么。这在城市里就不太可行了，因为警察试图打击这种做法，为了避免这类会面还禁止在公共场所设立集市。因此，有时需要找到一种比鞋子更受欢迎的中间商品：我还是想用鞋子来交换黄油，

---

1 参见格奥尔格·齐美尔（Georg Simmel）：《金钱的哲学》（*Philosophie de l'argent*），巴黎，法国大学出版社，《战车》（*Quadrige*），2014年，第244页。

2 参见文森特·比浓（Vincent Bignon）：《关于香烟被选为货币的一个理论》（Une théorie de l'élection de la cigarette comme monnaie），《经济期刊》（*Revue économique*），2004年5月第55期第3册，第383—394页。

但只有卡尔一个人想要我的鞋子，而他也只有咖啡可以提供给我。尽管如此，我还是接受了，因为我知道很容易找到一个想要咖啡的人来跟我交换他的黄油。因此，为了达到我的目的，我得了解市场的状况，知道最受欢迎的东西是什么——在短缺的年代，这一点儿都不难。不过，我们进行的仍然是易货贸易。交易中并不存在任何符号性的第三方。

从 1945 年冬天开始，一些食品比如烈酒、巧克力、蔗糖尤其是香烟，变成商品货币。在交易中它们被用作货币的等价物。虽然没有精确的市价，在使用上也没有排他性，但是香烟还是占据了一个至关重要的位置。每一支香烟在被吸掉之前都被交换了上百次。毫无疑问，选择香烟离不开一些实际的原因：包装易于分割和携带，也很容易储存（可以延迟消费（为了生存，可以不吸烟，但却不能不吃不喝）；而且香烟来源于这个群体之外（因为当时香烟都是来自美国士兵）。没有任何东西是强加的——既没有商人，也没有专门的市场，交易属于一种共识，没有任何大他者（Autre）来做担保。这些商品货币可以省得我去打听弗朗茨想用他的黄油来换什么东西。我可以把我的鞋子卖给随便哪个人，只要换回几包香烟，我就可以用来买到我想要的东西。这不同于创立一种受担保的货币所具有的那种符号性的强制力，而是像美索不达米亚的银锭一样，是一种用来方便交易的商品。一旦交易完成，我就不欠别人任何东西，然后有那么一天，香烟会在一个吸烟者的嘴里重新获得它的使用价值，可能就像小亚细亚的某些商人把他们的贵金属加工成首饰一样。

不过，香烟就像蔗糖或巧克力一样，只是货币的代用品。"我不想要你的烟草，你自己留着抽吧"，一个卖黄油的人随时都可能这样反驳。采用易货,我们就处在了想象(imaginaire)的暴力之中。[1]玛丽、雅克或马德兰都可能会说:"玻璃珠,你自己留着吧。我又不欠你什么。"没有任何规则被确定下来。既没有义务,也没有符号性的债务。

债务的标志

反过来,货币就是债务。一旦国王造出一枚面值高于其贵金属价值的钱币,那么对于他的国民来说他就欠下了债。他的符号信用,即我拥立他为国王并信任他,支撑着他的财政信用,即我接受他的货币,因为我相信他会按照面值偿还给我。但是,信任(也就是信用)到底是每个人的自由意志还是被强加的,这是另一回事,生为城邦的公民还是国王的臣民,人们通常无法选择。并且,此起彼伏的战争、起义或革命表明了信用也不是永恒的。即使君主或国家倚靠着神明,铸币也只能维持一个朝代,无论这个朝代是昙花一现还是跨越好几个世纪。

如今,大多数历史学家都承认铸币的发明有政治渊源。[2]因为,面值和金属价值之间的差额所产生的获利让城邦、国王和主人变得有钱。铸币(nomisma)的市价是由法律(nomos)来规定的,人们只能用它来支付税费。而且,如果说铸币在希腊城邦中得到了突飞猛进的发展,那很可能是因为城邦就靠它致富。税收、罚款和关

---

1 "想象"是拉康的"实在、想象、符号"三界理论中的一界。本书想阐述的问题之一就是,为何易货是一种想象性的暴力。译者注。
2 参见奥利维埃·皮卡德(Olivier Picard):《希腊的中世纪起源》(Les origines du monnayage en Grèce),《历史》(L'Histoire),1978 年第 6 期,第 13—20 页。

税收入占了收益的绝大部分，而比如说在埃及，大部分土地都属于法老，因此法老就靠土地来为他的国家赚取收入。古希腊研究者们转述过亚里士多德的一个学生的文章，描写了在公元前 6 世纪，雅典暴君希比亚斯（Hippias）如何废除了流通中的钱币的合法性，以便发行一种新的铸币，这是我们所知最早的货币操纵行为。

因此，有了铸币，金钱就被录入了一个由符号来统治人类贸易的世界。这个符号也是一项债务的标志，发行人保证偿还债务，与此同时，他看上去却是货币的主人。吕底亚国王克罗伊斯或者雅典暴君希比亚斯决定了他们发行的钱币是 dokima（合法的，成色足的），他们又有权收回这种合法性，使之成为 adokima（没有法定市场）的货币。发行人（无论是一位王室成员，还是有着更为广泛功能的机构）决定着其货币的价值。这样一来，就算他不能免除自己的债务，至少也可以减少。我们知道法国的国王们就一直在使用这种计策。不过，发行人明白他的权力跟他的信用是成正比的，其货币的价值就取决于这一信用。当他的信用下降时，就像萨卡德的环球银行发行的债券一样，公众不再相信这些债券能被如期兑付，这时每个人都会试图抛售。随着银行家阿里斯蒂德·萨卡德心中的良知一点一点地消失，债券的价值也在一步一步地崩塌。我们都知道 1923 年德国旧马克的灾难性通货膨胀，对它的记忆一直在这个国家萦绕。

确保符号

精神分析家所说的移情能力，即一个人在躺椅上重新体验他一生中所经历的那些爱、恨、厌恶、悲伤和快乐的能力，也建立在信任之上。分析来访者（analysant）相信精神分析家有能力听到一切，因为分析家把听到的话当作情感的符号，而不是对他个人的真实感知。对于分析来访者来说，在治疗期间，分析家是符号的主人。为了保持住这个位置，分析家不能成为那个被投射的角色，必须抵御冒名顶替的念头。他不能允许自己像萨卡德那样去假装，他的信誉不能坍塌，因为这事关分析能否继续下去。

"我绝对不是科学家、观察家、实验者、思想家。我在气质上不过是征服者、冒险家……有着这类人的好奇心、大胆和顽强。"[1] 弗洛伊德跟萨卡德差不多，是个征服者、冒险家！非常值得注意的是，弗洛伊德写于 1900 年 2 月 2 日的这封信，后来历经多次审查才得以公开。

在 1887 至 1904 年间，维也纳神经科学家西格蒙德·弗洛伊德，与他的朋友、柏林耳鼻喉科医生威廉·弗里斯进行了大量的通信。对前者而言，正是在这段时间里，他对无意识的动力、症状的意义、遗忘、过失（lapsus）和梦有了重大的发现，也是在这段时间里，他写出了《科学心理学大纲》，并把这个方案寄给了笔友弗里斯，他将自己的发现以神经学的形式呈现在其中。也是在这段时间里，在这封信之前不久，他于 1900 年出版了重要著作《梦的解析》，然后又出版了《性学三论》。弗洛伊德写给弗里斯的书信被再次找到之后（而弗里斯写给他的信件被他销毁了），由玛丽·波拿巴（Marie Bonaparte）公主买下，并于 20 世纪 50 年代由弗洛伊德的女儿（也是一位精神分析家）安娜·弗洛伊德主持出版。这本书

---

1 弗洛伊德：1900 年 2 月 2 日的信件，《威廉·弗里斯通信集》（*Lettres à Wilhelm Fliess*），巴黎，法国大学出版社，2006 年，第 504 页。

的标题是《精神分析的起源》（法语版名为《精神分析的诞生》[1]）。1900年2月2日的这封信并没有出现在这本书中。直到五十年之后，这封信才在法国出版。

因为起源只能建立在确定性之上。精神分析的创始人必须拿出足够的担保来确定他的信誉。这些书信必须对一门科学的诞生负责。弗洛伊德的后继者们认为，精神分析家们的可信度要由这些书信来保证。精神分析理论的基本功能就是确定精神分析家解释的价值。这是由导师或者其后继者们建立的各个精神分析协会授予的认证来担保的。从这个角度来看，不能对创始人有任何的质疑。他就是一位科学家，而不是一个冒险家。从那时起，他作为冒险家的征服者气质就被擦除了。

每个人跟金钱的关系是精神分析学说不可或缺的一部分，这属于从业者[2]能够轻松破译的东西。性欲阶段理论为此提供了支持。最重要的事件发生在肛欲期，也就是儿童学习控制排便的阶段。粪便代表着第一份礼物，是金钱的等同物；给出或是保留粪便，有人说就预示着慷慨或是吝啬。之前的口欲期同样提供了自己的解释：对金钱的疯狂追求可以解读为突然断奶所引发的后果，因为这样做让我们对失去的满足更加遗憾。最后，在肛欲期之后的性器期，儿童才知道有且只有一个生殖器官。我们因有没有石祖（phallus）、有没有金钱，而变得傲慢或嫉羡。

1　弗洛伊德：《精神分析的诞生》（*La Naissance de la psychanalyse*），巴黎，法国大学出版社，1956年。

2　原文为 praticien，指开业接待来访者的专业人士，可以指医生、律师、公证人、咨询师、分析家等多种自由职业者。文中多次出现，根据上下文翻译为从业者、分析家等。译者注。

精神分析家也是银行家

这里讨论的金钱是一种特殊的客体，它象征了所有其他的客体，它可以被拿走、被保留、被给予、被交换，而不会给自己带来损失，它还有满足所有欲望的可能。不过，关于那句常被认为很虚伪的格言"金钱不能带来幸福"，弗洛伊德很早就指出："幸福是对一个史前愿望的事后满足。这就是为什么财富很少使人快乐，因为金钱并不是儿时的愿望。"[1] 后来，他又坚持说，小孩并不认识金钱，只有在他成熟之后才会出现对钱的兴趣。这种奇谈怪论似乎源于这样一个事实："儿童只认识一种金钱，就是我们赠送给他的，他既不认识挣来的钱，也不认识自有的钱，即继承的钱。"[2] 这等于是说（弗洛伊德应该很高兴听到这种说法），儿童就像古埃及人一样，生活在一个还不存在货币的原始世界。一个儿童对钱的认识还停留在易货的用途上。严格来说，他对货币一无所知。

精神分析家则是一个银行家。他给出一些解释，发表一番辞说，必须像一种货币那样尽可能地扎实。为了做到这一点，他得依靠一种知识，这种知识是弗洛伊德要求他从交易中获取的。同样的，顾客们对他提供的东西深信不疑，病人们把他的话当作真金白银来看待。这些人就像一群孩子，他们是不会提出关于货币与信任的问题的。因此，精神分析家要经得住怀疑，除非他是个江湖骗子。分析来访者无论是处于某种肛门动力中，觉得金钱肮脏到他都不敢触碰，需要装进信封，用指尖拎出来，还是在一种石祖性的狂热下，

1　弗洛伊德：1898 年 1 月 16 日的信件，《威廉·弗里斯通信集》，第 374 页。
2　弗洛伊德：《冲动的移置》，第 59 页；也参见《性格与肛欲》，第 194 页。

毫不遮掩地掏出一大叠钞票并从中抽出一张放到桌上，就好像这么做丝毫无损于它的主人的力量，分析家都不要忘记这个东西仍然属于货币。货币是符号性的，其价值建立在对主人的信任之上，而且所有的信任都包含着一部分的不确定性。

有点讽刺意味的是，有些人断言精神分析家是一个制造解释的人，把"解释"这种食物推向市场，方式跟一个菜农卖他的西红柿并无二致。没有金钱，就不会有契约，也就没有精神分析。[1] 没错，但精神分析的契约不是蔬菜水果的交易。因为没有钱我们也可以得到西红柿。一个种土豆的人可以用一袋土豆换来十公斤西红柿，一个养鸡的人用一只肥鸡至少可以换上一篮子西红柿。如果精神分析家也接受易货，那为何不考虑用会谈的时数来交换文秘服务、家务劳动或者做饭的时间呢？他还能避免银行票据带来的不确定性。这样一来分析家的工作就会局限在制造一些解释上，一些像西红柿或者土豆一样真实的解释。他的分析来访者将被永远留在童年时代，那个货币出现之前的时代。不过我们生活在一个经济世界中。没有金钱，我们还知道另一种交易形式；但是没有货币，则肯定不会有精神分析。

相信货币

就这样，货币在治疗的现实中登录（inscrire）了大他者的维度。它支撑着信任。在向分析家支付诊费的时候，我拿出一张我认为面

---

1 参见赛尔日·维德曼（Serge Viderman）：《关于精神分析中的金钱及其他》（*De l'argent en psychanalyse et au-delà*），巴黎，法国大学出版社，1992 年。

值适当的钞票，而我的分析家也这样认为。我能够想象，以半小时一节会谈的费用，他可以支付家政员工作五小时的费用，但我不会通过给他熨烫衬衫或打扫办公室来证实这一点。我不买西红柿，我进行这种奇特的实践：精神分析。我自身在质询一些超出了自我的东西。这需要抛弃一些显而易见的事实。这就是（做出）抛弃的一种表现。

当我们根据每个人在口欲期、肛欲期还是性器期的固着来解读他与金钱的关系时，当我们用每个主体与客体的某种关系这样的措辞来分析吝啬或者慷慨时，我们忽略了货币的语言维度。金钱对每一个人都是不同的，被称为钱的东西对我们来说并不总是一回事儿。唐克雷德的小气鬼表弟是一个吝啬的人，他唯恐失去自己的钱，渴望以一切可能的方式来敛财。他似乎对货币的价值毫不怀疑，充满了信心。相反，左拉笔下的高利贷主布希，尽管他也收集那些贬值了的股票证券，却是在占有金银珠宝上找到了最大的乐趣。当然两个人都是吝啬鬼，但吝惜的不是同样的钱。前者无疑更像儿童，相信货币是不变的；后者却怀疑这一点，他知道话语可能会骗人，而且对于投机感到畏惧。

当那位愤怒的母亲指责唐克雷德，说他该为自己对待钞票的方式感到羞愧时，我们猜测，对她而言，金钱是宝宝送的第一份礼物的继承者。她所贪图的对象是一件价值已被证明的神圣的东西。相反，写实主义小说中的银行家萨卡德，他更想得到的是金钱所提供的东西，而非金钱本身。在他忘记了预支的票据像所有货币一样都会贬值时，破产就发生了。他已经不具有全能感，走出了育婴室，无法想当然了，要是他忘记了这一点，经济现实就会提醒他。

金钱，是一切财富的想象性载体，保留着童年的气息。有了货币，我们才能面对世事的无常、存在的不测，以及交易的风险。

第二章 悭吝人阿巴贡

"该死的吝啬和吝啬鬼。"乌戈林离开时笑着说道,他从口袋里掏出钞票放在我的桌上。在经过了很多次会谈之后,这个年轻人才能做出这个简单的动作,还加上了一句玩笑话。

口袋里的海胆 [1]

乌戈林来做咨询,是因为他的女朋友提出要一起生活的先决条件是他必须"松开卡住的地方"。他补充说,他完全理解这个要求,会自己承担费用。虽然是他本人前来咨询,但他还是把自己描绘成一个不能按照自己的想法行事的人,这令他的前两次尝试都没能成功。事实上,我是他见的第三个人。第一位心理治疗师说不能接待乌戈林,因为他不是以自己的名义来的;第二位治疗师要求他带女朋友一起来咨询。我一边听他说话,脑子里一边浮现出"金发女孩和三只熊"的故事。在故事中,小女孩尝了尝熊大的碗,太烫了,

---

1 口袋里的海胆(Des oursins dans la poche),法语俗语,形容一个人很吝啬,就像口袋里有带刺的海胆,很难把手伸进去掏出钱来。译者注。

又尝了尝熊二的碗，太凉了，最后才喝了小熊碗里的粥；小女孩又试了试大椅子、中椅子，最后更喜欢小椅子，但却把小椅子坐散架了；她在每张床上都躺了一下，然后选中了小熊的床。故事的最后，在熊一家回来之时，小女孩飞快地跑掉了。那只小熊拥有金发女孩所需要的东西，我会是那只小熊吗？如果是这样，那么总有一天，当乌戈林觉得喝掉了我的知识，坐坏了我的椅子，而仅仅是在躺椅上留下他曾来过的痕迹时，他也要从我这里转身跑掉。通常，初次访谈的内容就显示出治疗可能会如何结束。但是分析的功能之一就包括让预测出错，这意味着分析来访者从重复中走出来，松开卡住的地方，就像乌戈林的女友向他要求的那样。

对这个年轻人来说，卡住的是钱包。他告诉我："看来我的口袋里有海胆。"他很自然地使用了这个俚语，非常符合像他这样毕业于著名学府之人的风格。有了知识的保障，玩笑话也不会落入俗套。这种形象的表达方式既能跟他的症状拉开距离，又能寻求默契的认可，同时也扩展了我对"金发女孩和三只熊"的遐想。女孩占据了小熊的位置，她难道不是想被熊大和熊二认可吗？她露出跟小熊一样的品味，难道不是在寻求与小熊达成默契吗？故事，就像谐语（mot d'esprit）一样，将个人戏剧和随之而来的症状放在了另一个空间，与之拉开了一定距离。必须把这一切带回心理治疗的场景中，玩笑话并不是进入分析的最佳方式。不过，为会谈付费这一现实，把话语锚定在了一个地点：精神分析家的工作室。

当然，出于保密的考虑，我将临床情景做了足够的修饰之后才写下了这个案例，而我在这里重新构建的东西，在会面的那一刻似乎并没有那么清晰。精神分析家所说的反移情，也就是说分析来访者在分析家那里唤起的意识和情感回忆——分析家对分析来访者的移情——并不总是马上就能被意识到的。是在事后，我才把乌戈林的辞说与"金发女孩和三只熊"的故事，与这个故事在童年的我心中唤起的感受联系了起来。分析家的童年常常会在一段治疗中经受考验。这是分析的原动力之一，它使我们有可能深入地了解分析来访者的无意识动力。

很快我就发现乌戈林与其说是吝啬，不如说是节俭——从这个词包含的管理意义来说。比起精打细算，他更担心的是能不能把钱管理好。他就是这样管理钱的，也是这样管理他的生活的。他有相当具体的职业规划，提前六个月就做好了假期安排，他为每一笔开支准备了预算，还为意外支出留了一笔备用金。乌戈林讲述了这些事情，它们也是他女友受不了他的原因。然而矛盾的是，我觉察到年轻人心中的某种幻想。在我看来，他似乎不像有些人那样被其结构所束缚，额头上写满了担心，以强迫症状保护着某种深深的焦虑。似乎正是这种差异使得分析成为可能，尽管他确定地说自己来只是因为女朋友要他来。心理治疗当然会被列为预算中的一项，但我敢打赌，它会在某个时候跳出来变成意外支出。尽管如此，当我们谈到为咨询付费的问题时，我还是告诉自己这没那么简单！问题不在于诊费的金额——他没有任何异议就接受了我的正常收费，问题在于支付诊费的方式。

控制成本

我在这里不加区分地使用心理治疗和精神分析这两个术语。通常所说的心理治疗，也包括由一位分析家来进行的心理治疗，指的是面对面接待病人、定期或者不定期会谈的一种做法，而精神分析则专门用于那些使用躺椅的会谈，分析来访者看不到那个听他说话的人，会谈一般固定为每周几次。在严格意义上的精神分析实践中，要求用现金来支付会谈的做法很常见。以纸币形式出现的货币既具体又中立，而支票总是带有签发人的痕迹，而且签发人并不总是分析来访者，上面的金额也被抽象为一些手写的数字。乌戈林向我指出，这也是他没有跟之前的一位咨询师继续下去的原因之一，那位咨询师坚持要求用现金支付。当我告诉他我接受支票时，他显得松了一口气。

但是，他想要控制心理治疗的成本。他期待我告诉他需要多少次会谈，哪怕只是大概的数量，以及治疗会持续多久。我回答说我没法告诉他，没有人能预知未来。然后，他要求每月或每季度付一次款，或者每会谈四次或六次支付一次，而且奇怪的是，他希望把支票邮寄给我，声称这样更方便记账。这种做法让我回到了20世纪初的维也纳，那个年代的医生每年寄送一次年度诊费账单，而对于精神分析，弗洛伊德则规定，"出于一种人类的常识……不要累积成大笔的金额，而是按照相对短的固定间隔（例如每月一次）来收取费用"[1]。然而，我们早已不在20世纪初的奥匈帝国。弗洛伊德的部分建议也必须适应现实，要不然精神分析实践就变成了博物馆学。接受延期付款，甚至每月一付，而且还不是乌戈林亲手交给我，这样做就会进入阻抗的游戏，"什么东西卡住了"的游戏。

我们最终达成协议，每次会谈付一次费。他的付费方式是在会谈开始的时候把一个信封放在我的桌子上。信封里有时是一张支票，有时是一些钞票，金额总是刚好，从来不需要找零，也不需要

1　弗洛伊德：《关于治疗的契约（治疗的开始）》（*Sur l'engagement du traitement [Le début du traitement]*），《弗洛伊德全集／精神分析·7》，第172页。

下次补足。没有债务，没有讨论，钱甚至都不出现在眼前。我们要提防那些想当然和仓促的解读：忌讳，是不可以谈论的东西；恶心，是有必要隐藏的东西。在乌戈林的话语中，我没有听到金钱与排泄物之间那种寻常的类比。装在信封里的不是粪便，而是在咨询室里度过的时间的合适价格。他对收费和时间做过调查，我是符合规范的。在我看来，对这个年轻人来说，最根本的是要把金钱中立化。尤其是不能欠债，因为债务就意味着某种期待。通过一种严格的管理，才能确保财务事宜不进入欲望的范畴。但是我还听到，金钱是危险的。这是在保护自己不被金钱侵占，这样就可以不像在乌戈林的家里那样，一切都处在父亲的统治之下。

父亲们该死的吝啬

"这些年轻人就是这样被父亲们该死的吝啬压制着，发生了这一切之后我们还奇怪于儿子们希望父亲们死去。"[1] 俄狄浦斯情结是乱伦禁令这种人类的必然要求在每个人身上的表达，当俄狄浦斯情结被另一种仇恨所掩盖时，整个生活就被打乱了。听到乌戈林的话，我再次看到莫里哀那令人生畏的直觉。《悭吝人》被认为是性格喜剧[2] 的典范，随着与乌戈林的会谈逐渐展开，我听到父亲吝啬的性格如何塑造了儿子的生活。这种吝啬不只是嫉羡或嫉妒，而是一毛不拔（这还不是那种对蝇头小利斤斤计较的习性），是像使用

1　莫里哀：《悭吝人》（*L'Avare*）第二幕第一场，见《作品全集》（*Œuvres completes*）第二卷，巴黎，伽利玛出版社，《七星文库》，2010 年，第 25 页。
2　喜剧的重要分类之一。在莫里哀剧作中，一般认为《悭吝人》是性格喜剧的典范之作，《伪君子》是讽刺喜剧的代表作品。译者注。

抓斗（grappin，拉丁语是 harpago，希腊语是 arpageï）的阿巴贡那样[1]，因此他害怕反过来被抓住。"我太倒霉了！有人把抓斗伸向了我的宝藏！"[2]尤克利翁（Euclion）备受折磨地喊道，他是《一坛黄金》中普劳图斯笔下的阿巴贡，莫里哀正是从该剧中汲取灵感，写下了《悭吝人》。

乌戈林成长的世界是一个缺乏信任的世界，在那里没有什么行动是毫无动机的。周围人做什么都小心谨慎，害怕陷入债务的循环；总提防着别人做了什么，觉得他们肯定心怀不轨。金钱是所有关系的枢纽。花最少的钱从别人那儿获取最多的好处，尽量从对方身上多搜刮一点并愚弄他，这些都是要达到的目标。生存成了一种算计。哥们儿义气和友谊都以利益来衡量。"这个男孩不错，他的父母地位很高……"但是乌戈林一点也不喜欢这位被强行推荐给他的朋友。他更喜欢没那么闪亮的人。"当心你这个朋友，他对你感兴趣只是为了利用你。你送他糖果，把你的玩具借给他，把你的摩托车、汽车借给他，还请他来吃茶点、吃午饭、吃晚饭、看电影、度假。而他呢？他给了你什么？"这些假想的利益，随着年龄的增长不断演变，但这样的说法却一成不变。当然，他的初恋也无法逃脱这种目光。"她想把你抓牢。"这样的警告被用于他拉过手的女孩、拥抱过的女孩、让他体验了男女之爱的女孩、他的调情对象、女朋友，直到他现在的恋人。

他在会谈中倾诉的不是记忆屏幕上的大事件——那些汇集并浓缩了多个类似经历的记忆片段，而是大量的回忆，是过往的小事情。

---

1 阿巴贡（Harpagon）这个名字跟抓斗（grappin，harpago，arpageï）这个词的发音很接近。译者注。
2 普劳图斯：《一坛黄金》（*L'Aululaire*）第二幕第二场，巴黎，GF-Flammarion 出版社，1991 年，第 167 页。

慢慢地，他感到向我转述这些事令他尴尬，一种弥漫的羞耻感出现了。是时候躺到躺椅上去了。我这个人退隐到躺椅后面，我的目光也被抹去，乌戈林继续他的叙述，而我不再是一个可见的旁观者，他不再需要有意无意地等待我的脸上出现一个评判。

精神分析不是一种宗教。开始一段分析，并不是躺在教堂的石板地上，双臂交叉，头枕地面，也不是纪念自己假定的祖先走出埃及。[1] 躺在分析家的躺椅上还意味着要从躺椅上重新站起来，分析来访者在躺椅上重拾的记忆是他自己的历史。这个姿势——身体被完全地支撑——能够促进肌肉放松，走出紧缩状态，与世界拉开距离。分析家不在病人的视线范围内，这好像让病人不是跟一个确定的人在说话，并把他的话与对话者的反应、期待或担忧分开。在场的他者，或者说，初始访谈时遇到的一位专业人士，现在变成幽灵般的存在。逐渐远离对关怀的需求。心理治疗的维度并非不存在，只是不再居于首位。大他者的面目冒了出来，由分析家支撑着它，同时避免不合时宜的反应或者过早的解释。从乌戈林带着恋人的要求到来的那一刻起，到他脱离这个要求，几个月的时间过去了。这时，我要求他用现金来支付会谈，而不再用支票。在意识中，也就是说在我进行治疗的欲望中，我感到这很有必要，尤其因为金钱正处于问题的核心。我希望金钱能够是个具体的现实物品，并成为一种让乌戈林掌控的东西。他同意了。

1　《创世记》的续篇《出埃及记》，讲述了希伯来人（犹太人）在先知摩西的带领下，走出令他们受奴役的埃及，前往西奈山寻找上帝应许之地迦南的故事。译者注。

会谈的付费问题

现在，仔细封好的信封里是纸币而不再是支票，每次都是新钞，至少是毫无瑕疵的。金钱依然是没有气味、干净而且中立的。不过，我的要求还是引起了质疑。精神分析家们要求用现金支付不是为了逃税吗？如果说乌戈林还只是怀疑，他的父亲就不一样了。父亲并不知道儿子在做分析，但是由于失误行为（acte manqué），年轻人在父亲面前说漏嘴提到了精神分析的付费问题，但没有具体说这跟他有关。通过他的转述，我受到一顿猛烈的抨击，堪比阿巴贡对他的厨师兼马夫雅克师傅的慷慨陈词。不过，不是"愚蠢、无赖、混蛋、无耻"，而是"骗子、庸医、混蛋、小偷"。怎么能够想象一个人索要金钱不是为了个人好处呢？只有像乌戈林那么天真的人才有可能相信这样的寓言。

治疗进入了矛盾情感（ambivalence）的阶段：爱与恨，尤其是信任与不信任。时而我是在愚弄乌戈林的聪明才智，把他拖入一段除了榨干他以外没有任何作用的精神分析；时而我又能让他去发现和克服那些毁掉他的生活的东西。从那以后，每次会谈结束，他都一成不变地把装着钱的信封交给我。我可以把这个举动解释为在肛欲期矛盾情感领域留下的痕迹：被迫的赠予、固定时间的排便、硬从包里挤出来的钱，或者是愉快献出的奖赏、礼盒中的礼物。无疑，这样说并非完全不对。

不过，我怀疑关键点在别的地方。随着会谈的展开，世界被重构了：在童年和青少年时期，这个分析来访者所生活的世界，在我看来，有时几乎是谵妄性的。金钱为王，组织着整个生活。乌戈林的父亲是一个气度不凡的阿巴贡，他以吝啬的方式来规划自己和周围人的生活。仇恨跟支出有关，爱则对应着收益，但更重要的是，这个男人把他所有的信任都放在金钱上，而把最大的不信任赋予了人类。他有一个挥之不去的担忧，就是钱被骗走，自己成为上当受骗的笨蛋；而且他只追求一个目标，就是想尽各种办法聚敛钱财，当然是在合法范围之内……不过这并不意味着说话就得算话。他的职业活动是他所擅长的商业买卖，即使有时候签署的合同条款跟口头承诺并不完全相符。

乌戈林想起了一些事件，他并没有忘记，但还没法允许自己去估量这些事件的后果。他把一些亲戚的疏远和他父亲的一桩背叛联系了起来，这件事迄今都没有得到承认。当时有一桩遗产继承的事情，父亲与妻子的弟弟达成协议，共同接管了一处家族宅院。乌戈林当时还是个孩子，他梦想着能够经常回到这栋宅院去度假，并和表兄弟姐妹们一起在那里玩耍。但他的父亲只把这当作一笔不错的买卖。第二年，父亲想办法以低价购得整个房产，最后再以高价卖了出去。他坚持说："这是我的权利。我的小舅子没本事买下这所房子，这跟我可没什么关系。我有足够的钱，所以我就这么做了。"在这件事中，乌戈林失去了一个曾经度过美好时光、跟表亲一起玩耍的地方，并埋葬了他的部分童年。他们跟家族中的一部分亲人断绝了来往，唯一的好处就是父亲的财产增加了。

接着会谈的时间也改了。乌戈林选择在下午来见我，这是一个特别安静的时刻。"这里就像我的家。没有人进来，而我来这里只是为了把钱给你！"他想起自己很喜欢米老鼠画刊中的漫画故事《麦克老鸭》，对故事当中的厄兄弟（les Rapetout）很感兴趣[1]，

1　麦克老鸭（法文名 Picsou，英文名 Scrooge Mcduck）是 20 世纪 40 年代迪士尼创作的经典漫画角色之一，是一只戴着高帽、富有又爱钱如命的鸭子；厄兄弟（法文名 Rapetout，英文名 Beagle Boys）是漫画中一帮红衣蓝裤戴面具的窃贼，总是觊觎着麦克老鸭的金库，但从未得手。译者注。

这帮坏蛋不断试着闯进亿万富翁的巨型保险箱。他的家就像一个保险箱。钱只会进去而不会从里面出来。这个家过日子精打细算，一盏没关的灯都可能引起大惊小怪。乌戈林的父亲严格控制支出，并利用一切可能的计策来减少纳税：他让儿子在读书期间想方设法得到假期兼职工作的许可，因为这样可以获得减税。

对金钱的胃口

分析仍在继续。这个年轻人逐渐意识到金钱的影响甚至可以说无所不在，这是被父亲强加也被母亲接受的。当然，在此之前，他已经知道这些影响。而在此之后，这一认知通过这些会谈变得具体了，并跟他的存在结合起来。这是对金钱的胃口，而不是对富有的兴趣。乌戈林的父亲表现出一种对货币的绝对信任。无论黄金珠宝、房地产买卖还是银行投资，只要这些活动能赚到钱，他就有兴趣。乌戈林解释说，"把祖传珠宝都给卖了"这句俗话在自己家可以按字面意思来理解。分析家不能不强调一下这个阉割隐喻，这个男孩感受到一种对他身体完整性的威胁。父亲就曾转让过一条世代相传的金项链，带有他家族所在地区的标记，他宣称这东西没什么用。这样一来他就剥夺了儿子拥有它的权利。在金钱面前，没有什么是神圣的，或者更准确地说，只有金钱是神圣的。

我们不能把这个男人的吝啬简单化地理解为肛欲的凸显，或者是那种重新体验留住粪便所获得的愉悦。阿巴贡着迷于金路易[1]

1　金路易（Louis）是第一次世界大战之前在法国使用的金币，上有路易十三等国王的头像。译者注。

那样的黄金，他不同于巴尔扎克笔下放高利贷的葛朗台，后者死在一大堆落满灰尘或损坏变质的东西中间。如果是乌戈林的父亲，他会把这堆东西变成能用的钱。阿巴贡们的吝啬不是葛朗台的那种吝啬。对金钱的胃口不是把物品都聚集起来，恰恰相反，它倾向于让物消失（因为只留下钱就抹去了物）。

这一类型的吝啬鬼还有米达斯。大家知道，他是弗里吉亚的传奇国王，解救了狄奥尼索斯的导师西勒努斯。作为奖励，他请求狄奥尼索斯让他能把碰到的一切都变为黄金。他的愿望实现了，他喜出望外，直到他发现自己有可能死于饥饿，因为食物和饮料也会变成黄金。为了从狄奥尼索斯的魔法中解脱出来，米达斯不得不在帕克托河中清洗自己。从那以后，这条河就一直流淌着闪光的金片，并且这些金片成为最早的铸币起源。[1]乌戈林的父亲无疑梦想着在米达斯失败的地方取得成功，就是实现对黄金的爱，直接沐浴在帕克托河中，出来的时候浑身披满金币。吝啬之人听不到狄奥尼索斯——这位醉酒之神、盛宴之神、消费之神的告诫。

信任与不信任

货币的价值特性是建立在信任之上的。一张钞票、一枚硬币可能是假的，这很容易被察觉。麦克老鸭用嘴咬一咬金路易就能检查出它的质量。但是，货币的真正价值却并不是用这种方法进行认证的。金钱不是一个物品，我们不能像区分钻石与锆石一样去区分坚挺的货币与贬值的货币。信用货币的价值总是存在受损的风险，无

---

1 参见第一章。

论它是什么形式（银行票据、股票还是各种债券），即使它在不同时期有所不同。莫里哀笔下的阿巴贡担心的是如何偿还贷款，乌戈林的父亲害怕的是有风险的投资。信任的必要性激发了不信任，而正是这种不信任在吝啬者们的心中占了上风。

"别像根木桩似的杵在我家里，到处打量，看能捞到什么好处。我可不想眼前老有个间谍在刺探我的东西，一个叛徒，可恶的双眼紧盯着我的一举一动，侵吞我的财产，还东翻西找看有没有什么可偷的。"阿巴贡的这个出场可真是值得一提。拉弗莱什是他儿子的仆人，只是因为正好在场而成了他怀疑的对象。还有一幕著名的喜剧场景，源自普劳图斯：

> 阿巴贡：把你的双手给我看。
>
> 拉弗莱什：好，您看吧。
>
> 阿巴贡：另外的。
>
> 拉弗莱什：另外的？
>
> 阿巴贡：对。
>
> 拉弗莱什：全在这儿了。[1]

闹剧被推向了荒谬。没有什么能阻止吝啬鬼的怀疑，甚至连解剖学也不能。

当事关金钱的时候，也没有什么能阻止乌戈林父亲对被骗的担忧。所有的举动、所有的决定都是算计，把对方想象成一个来窥探他的间谍，一个到处打听的叛徒，一个伺机吞并他财产的强盗。没完没了地讨价还价，所有的发票都要用放大镜来检查。有一次，他

---

1 莫里哀：《悭吝人》第一幕第三场，第11—12页。

拒绝参与一场他觉得可疑的银行认购。不久之后，他的怀疑得到了证实。乌戈林在一次会谈中回忆道："我父亲非常高兴。他告诉我们他是如何'摆乐'这个骗局的。""摆乐"，他原来是想说"摆脱"，乌戈林笑话了父亲的这个口误。[1]而乌戈林，他在女人的怀抱里感受快乐。顺着这个思路，他想到了自己是如何成功地摆脱了金钱的享乐。很长一段时间他都是一个被动的共犯，接受了不再与一些亲戚见面——他们因金钱的问题跟他父亲交恶。从青春期开始，他拒绝再参与这个游戏。在母亲的支持下，他开始要求一定数额的零用钱，以此来避免那些无休止的讨价还价。从那以后，每个月他都会收到一个信封，里面装着固定金额的钞票。钞票多半是皱巴巴的，很旧，偶尔还会出现缺个一两张的情况……正是在这次回忆浮现之后不久，乌戈林在支付会谈费用的时候，从口袋里直接掏出钱来，而不再使用信封了。治疗的终点不太远了。

乌戈林在他的分析过程中澄清了他与金钱、女人和世界的关系。他明白了在相当程度上，为了不受金钱万能论的影响，为了远离弥漫在家里的不信任气氛，从很早起，他就将自己的存在分裂开来。在家庭住宅内部，没有人进入：生活被控制着，房子功能被改变着；我们在此保护自己免受外界的侵害，外界总是代表着威胁、嫉羡和骗子。在家庭住宅外部，在小学、初中、高中，则是另一种生活：我们分享学识和认知、快乐和痛苦。乌戈林是一个出色的学生，一个快乐的同伴，除了偶尔在开支方面有点问题，显得有些小气。恋爱关系上面，他很早就开始谈恋爱，这让他发现了信任，并将信任带到了他的分析中，这使他能够在两个世界之间建立联系，并解开

---

1 他本想说"摆脱"（déjoué），却生造了一个词，说成了"摆乐"（déjoui），成了一个口误。译者注。

他与金钱卡住的关系。他离开的时候放弃了父母的房子，因为那儿显然太像童话里熊的房子了。

精神分析当然是针对这个年轻人的分析，而不是对他父亲的。我们也要知道，如果一个阿巴贡那样的人决定走上精神分析之路，自己为会谈付费，那就是在放弃吝啬的路上稳稳地前进了一大步！乌戈林的父亲并没有这样。不过，通过乌戈林的一些话，可以部分猜测到他父亲是如何变成这个样子的。乌戈林还记得他的祖母，他从来就不太喜欢她，觉得她太忧心忡忡了。我则听到了这个女人的焦虑。她只关心一件事，只爱着一个人，就是她的儿子。我理解她儿子，有一个过于深情的母亲，就像许多患有强迫性神经症的主体一样，必须要达到母亲的期待。他是如此独一无二，必须得提防所有其他的人。他是母亲的财宝，所以对他来说就必须积攒钱财。

有营养的金钱

> 抓小偷啊，抢劫了，抓凶手啊，杀人了。……我心乱如麻，不知身处何方，姓甚名谁，在做什么。噢，我可怜的钱，我可怜的钱啊，我亲爱的朋友，有人把你从我这儿夺走；既然你被带走，我就没了指望……我在这世上已无事可做。没有了你，我没法再活下去。[1]

莫里哀的主角发现他的珠宝箱不见了，这段著名的台词我们可

1　莫里哀：《悭吝人》第四幕第七场，第58页。

以从字面上来看看。他的钱是他唯一的朋友，他可以信任的独一无二的爱的客体。失去了它，这个指引着他的存在、支撑着他的生活的东西就消失了。除了痛失钱财之外，消逝的还有那个塑造了他身份的客体本身。因为阿巴贡不只是一个斤斤计较的小气鬼或者一个小财迷，他本质上是一个吝啬鬼。他知道自己是谁，在做什么，而且，如果没有钱来喂养他的吝啬，在这个世界上他就再也找不到支撑了。货币的流通就像血液循环，金钱维持着社会的运转，就像血液携带着滋养人体的东西一样。经济领域常用的这种隐喻在阿巴贡们身上具体显现了。他们之所以积累财富，并不是把拥有财富当作唯一的乐趣，而是因为钱是他们生命中的血液本身。他们和金融家们在这一点上达成了共识。

莫里哀大量借鉴了普劳图斯的《一坛黄金》，这部作品写于公元前 2 世纪的罗马。某一些场景，角色的表现，尤其是绝望的吝啬鬼的台词，都反映出两部作品的相似性——普劳图斯笔下的尤克利翁喊道："我死了！有人谋杀我！杀人了！"[1]

不过，罗马人普劳图斯的剧情不如莫里哀的那么扣人心弦。尤克利翁是一个家境贫寒的吝啬鬼，在自己家中发现了满满一坛黄金，这是因为住宅守护神拉雷希望送给他女儿一笔嫁妆。从那以后，他就不停地担忧有人会把金子偷走，并从这一点出发去解读每个人的一举一动。另一方面，梅加多尔，一个又老又有钱的城里人，请求他把女儿菲德拉嫁给自己，而且不要求有嫁妆。尤克利翁同意了，条件是他未来的女婿要负责婚礼的所有花费——这些主线我们在《悭吝人》中都可以找到。可是菲德拉怀上了梅加多尔的侄儿——年轻的莱科尼德斯——的孩子。于是莱科尼德斯说服了他的叔叔放

---

1 普劳图斯：《一坛黄金》第四幕第十场，第 211 页。

弃菲德拉。与此同时，年轻人的仆人偷走了那坛金子。而且，在莱科尼德斯请求尤克利翁把女儿嫁给自己的那一幕中，误会产生了，类似的剧情在莫里哀的剧中我们也能看到：当情郎对引诱了阿巴贡的女儿而自责时，吝啬鬼还以为对方招供了偷他珠宝箱的事实。戏剧的结尾并没有向我们明说。但是可以推测，黄金被还给了尤克利翁，而他把金子作为女儿的嫁妆，把她嫁给了莱科尼德斯。

　　莫里哀的吝啬鬼手中的黄金不是由神提供的。阿巴贡是一个有钱的资本家，手上有个大箱子，里面有上万埃居[1]的钱，这是他放贷收回来的。和尤克利翁一样，他担心钱被人偷走，并怀疑每个人都心怀不轨。他有两个孩子。女儿艾丽丝为瓦莱尔所爱，为了接近她，瓦莱尔去为阿巴贡效劳。儿子克莱安特想娶年轻的玛丽安为妻。为此他需要钱，可吝啬的父亲不愿意给，于是他就去找一个放高利贷的……而这个人最终就是阿巴贡自己！并且，克莱安特发现他父亲打算娶玛丽安来当老婆。然而，俄狄浦斯式的争斗让位给了对黄金的热爱——精神分析家会说越古老的冲动就越是强烈，俄狄浦斯的生殖冲动被小气鬼的肛门冲动给淹没了。克莱安特的仆人偷走了珠宝箱。箱子将被还给阿巴贡，以此换取他同意儿子与玛丽安的婚事。如果说家神拉雷在普劳图斯的剧本序言中作了表达，那么在莫里哀的剧中，最后一幕则是由天意主宰。事实上，年迈的昂赛末——这位有钱的老爷是阿巴贡想把女儿不带嫁妆就许配的人——正是玛丽安和瓦莱尔以为已经过世的父亲。他同意了所有的婚配。婚礼的费用由昂赛末来承担，阿巴贡则拿回了他亲爱的珠宝箱。

1　埃居（Écus），法国古代钱币。译者注。

诸神的黄金

同样，成百上千年以来，从希腊喜剧作家米南德——普劳图斯的灵感来源，直到莫里哀，以及后来的哥尔多尼[1]，吝啬鬼的形象经常被搬到舞台上。他表现出来的特征是不变的：对金钱的热爱关联着对他人的怀疑，他是一个奉献给金子的人。不过，尤克利翁的金子和阿巴贡的金子却有着根本的区别。金属是同一种，但功能不尽相同，用途也不一样。吝啬鬼总是吝啬的，但莫里哀的阿巴贡，与我们的时代更为接近，并不满足于把财宝埋在地下。他打算让它开花结果。他影响着世界的运作，他是一个金融家。

如果说阿巴贡的埃居来自他的金融交易，那尤克利翁的财宝起源却迷失在时间的暗夜中，也许是令人生畏的福尔图娜（Fortune）的心血来潮。福尔图娜是命运女神（希腊语中的堤喀［Tuchè］），而不是财富女神。《一坛黄金》的故事结局最终是由奥林匹斯众神来决定的。从中，我们能找到 fortune 这个词（在我们的语言中解读）的两个含义就是财富和命运。那坛黄金只是一个工具。尤克利翁，他的祖先，一如他的后代，进行财务活动的唯一目的就是为了变得有钱，这样做有违他们的身份。这当然是吝啬，但吝啬的是一种捉摸不定的财宝。

罗马帝国时人们的理想是成为贵族。受到尊崇的财富是那些显贵、那些只靠收租就可以生活的大地主的财富。就算有一些商人，他们一旦发了大财，也会一心期待着自己或者后代能够离开这种不

---

1 见卡洛·哥尔多尼（Carlo Goldoni）：《吝啬鬼》（*L'Avare*），1756 年；《嫉妒的吝啬鬼》（*L'Avare jaloux*），1753 年；《阔绰的吝啬鬼》（*L'Avare fastueux*），1776 年。

太受尊重的社会阶层，加入贵族的行列。贵族的投机行为则进行得更加隐蔽，就像富可敌国的克拉苏[1]那样。反之，让金钱独立出来创造价值，比如低价借钱进来再高价放贷出去，则是不体面的。亚里士多德就反对广义上的货殖学，即以各种方式获取财富的技巧，而赞成家庭理财学，即满足于管理生活必需品的经济学。后者是正常而合法的，而前者应该遭到谴责，因为它通过商业交易使得财富的积累可以无穷无尽。[2]但是，阿巴贡不是尤克利翁。他忘记了亚里士多德的教诲，哪怕这些教诲在13世纪的时候被托马斯·阿奎纳给基督教化了。

> 我们将吝啬比作狂热崇拜，因为两者之间有某种相似之处：事实上，像狂热崇拜的人一样，吝啬鬼臣服于一种低等的造物。然而，他的方式有所不同：狂热崇拜的人把低等的创造物当成一种神圣的信仰来尊崇；而吝啬鬼则以过度的方式欲望着它，对它的臣服不是出于喜爱，而是为了利用。[3]

---

1 克拉苏（Crassus，公元前115—公元前53），古罗马军事家、政治家，罗马共和国末期声名显赫的罗马首富。译者注。

2 关于这个部分，参见亚里士多德：《政治学》（*La Politique*）第一卷第三章和第八至十一章，巴黎，福林书店（Librairie Vrin），1995年；让·安德奥（Jean Andreau）：《罗马的金钱》（L'argent à Rome），见《如何看待金钱》（*Comment penser l'argent*），第161—172页；以及《克拉苏：罗马最富有的人》（Crassus, l'homme le plus riche de Rome），见《历史》，2011年1月，第360期，第71—75页；保罗·维尔纳（Paul Veyne）：《罗马社会》（*La Société romaine*），巴黎，瑟伊出版社，《观点》，2001年。

3 托马斯·阿奎纳：《神学大全》（*Somme théologique*）第二卷第二章，转引自卡尔拉·卡萨格兰德（Carla Casagrande）和希尔瓦娜·韦基奥（Silvana Vecchio）所著的《中世纪资本罪恶史》（*Histoire des péchés capitaux au Moyen Âge*），巴黎，Aubier出版社，2003年，第165页。

通过托马斯·阿奎纳，我们明白了普劳图斯的吝啬鬼跟莫里哀的吝啬鬼有什么区别。尤克利翁崇拜黄金，把它当作神圣的信仰来尊崇。他把自己的那坛黄金从祭台带到神庙，把它看成一件神圣的、理想化的东西。这种理想化平息了他的冲动，这些冲动找到了它们的最终客体。对于精神分析家来说，这个最终客体占据着理想自我的位置，就像追星族放置某位歌手或演员的那个位置。当那坛黄金不见的时候，尤克利翁哭喊道："我死了！有人谋杀我！杀人了！现在还能去哪儿？不能去哪儿？"[1]他在寻找一个地方去崇拜被偷走的东西，阿巴贡则是因为失去了支撑他生命的东西而号叫。

过度的欲望

莫里哀的吝啬鬼并不臣服于黄金，他是以过度的方式欲望着它。他不只是满足于喜爱自己的财宝，他还要利用它。他的珠宝箱并不是一个偶像，而是他的各种金融操纵所产生的结果。

> 这是我这辈子听过的最美的句子。"你必须为吃饭而生存，而不是为生存而吃……"噢不，不是这样的。你是怎么说的来着？[2]

让我们举阿巴贡的这段著名台词为例：这是一个口误，也就

1　普劳图斯：《一坛黄金》第四幕第十场，第 211—212 页。
2　莫里哀：《悭吝人》第三幕第一场，第 18 页。

是说在表达一种欲望，这种欲望曾经遭到过禁止，蒙受了耻辱。[1]
吝啬并不会扼杀欲望，而是把欲望组织起来。吝啬占据了超我，超我是弗洛伊德概念中代表道德边界的坚决要求，是我们在人类生活中借以上升的东西。如果被吝啬的想法占据了头脑，朱丽叶就不可能爱上一个不在意钱袋的罗密欧，维特不会爱上一个管不住家庭开支的绿蒂，特里斯坦也不会爱一个放不下锦衣华服的伊索尔德。媒婆福劳辛深知这一点，她给阿巴贡做媒时，会强调玛丽安有多么朴素；而瓦莱尔也深知这一点，他在阿巴贡面前称赞节日大餐是多么节俭。口误标记出生命的欲望。压抑并不是拒绝，冲动总会钻出压抑之网。阿巴贡的贪婪，打上了吝啬的印记，他对省吃俭用的玛丽安的喜爱，将这位莫里哀的男主人公与普劳图斯的单纯偏执狂的主角尤克利翁区分开来。对于阿巴贡来说，信任（他计划结婚）与不信任（他借钱出去但怀疑他的债务人）的问题还是开放的，而对尤克利翁来说这个问题则被撤销了，代之以他对那坛金子的迷恋。作为金融家，阿巴贡让他的钱活起来，正如金钱也令他存在。

未婚夫妻间的交易

　　金融进行的就是诺言的交易[2]，因为它是对市场所购物品的价值打赌，就好比说，我们假设节俭的玛丽安在市场上购买了一些苹果或者是芦笋，她就在赌自己买到的这些是同等质量下最划算的。

1　原文为"通过卡夫丁轭形门"（passé sous les fourches caudines）。公元前 321 年，萨姆尼特人在卡夫丁峡谷击败了罗马军队，为了羞辱罗马战俘，迫使他们从用来套住牲口脖子的牛轭底下通过。这一典故被用来形容遭受莫大的侮辱。译者注。
2　参见皮埃尔–诺埃·吉罗：《诺言的交易》。

在此，她还停留在亚里士多德所提倡的经济学上，但是，如果她打算在另一个摊位上以更高的价格出售这些东西，那她就进入了货殖学。我们要知道，如果下注的人拥有信息，那赌注就更加牢靠。即使玛丽安有一个她很信任的卖家，肯定还是会看看其他卖家的情况再作决定。信任并不排除怀疑。可是，金融家不会局限于已有的财产。比如说，正是金融家借钱给种芦笋的人，让他可以在收获之前生活和工作，条件是收成足够还清所借的钱。或者说，他在苹果开花时就买下所有出产的苹果，当然要比苹果成熟时的价格便宜，但是却冒着迟来的霜冻会破坏果实的风险。于是，采购涉及的是虚拟的财产。收益，即借贷的利息或剩余价值，每次都向风险支付报酬，而风险就是借款人违约或者不履行承诺。

在《悭吝人》中，那个时代的老式做法也把女性当作交易的货币，出嫁时得带嫁妆，诺言的交易反映为未婚夫妻之间的交易。阿巴贡相信，他与并不富有的玛丽安的婚姻会带给他一些虚拟的收益。这个年轻女孩的简朴有望每年节省一万二千法郎。这只不过是她不花费而省下来的钱。因为她不赌钱，既不爱打扮也不贪吃。他被玛丽安吸引，也相信了关于她喜欢年纪大的人的说法，但是，作为一个有经验的金融家，阿巴贡也做好了应对风险的准备。他在玛丽安这里得不到嫁妆，因此也不会在别处给嫁妆。他答应把自己的女儿嫁给一个同意不要嫁妆的老头儿，这可是个必须抓住的好机会，可以省下好大一笔钱。

在吝啬的金融家心中，心灵和身体的交易是以货币来结算的。经济人[1]，作为经济学理论的人类模型，是一种会计算的自动装置。

1　经济人（L'homo Œconomicus）是源自西方古典经济学的著名假设，认为人具有完全的理性，可以作出让自己的利益最大化的选择，出自"经济学之父"、英国经济学家亚当·斯密所著《国富论》。译者注。

阿巴贡们并不否认爱，他们为了自己的利益而使用爱。他们改变了爱情关系所促进的信任——因为如果爱不是把信任交给对方的话还能是什么？这就是阿巴贡把他的女儿卖给老昂赛末的原因，昂赛末被欲望蒙蔽了双眼，承担了交易的所有风险，而阿巴贡自己娶玛丽安为妻，只是因为他知道玛丽安的节俭在理论上能为他省下多少钱。

吝啬鬼金融家

阿巴贡首先把信任给了金钱。别人对他的重要性，在于他们想用真金白银做什么：这个人花钱还是不花钱，带来收益还是花费。信任都是基于这样的认知。在阿巴贡财务活动的另一面，即成为贷款人，甚至高利贷者，总之成为财主的时候，这种认知对他而言就更有用了。

他计划借一万五千法郎给一个年轻人，也就是说买一个债权，却不知道这个人就是克莱安特，他的儿子。阿巴贡开始做调查，在他遵循的规则中，关于借款人品格的信息非常关键，这可以用来评估信用也就是偿还债务的能力，以及衡量利率的高低。他得知这个年轻人来自一个非常有钱的家庭，他的母亲已经去世，遗产只会落在他一个人头上，这令人放心。和今天的投机者一样，阿巴贡也会寻求担保。甚至，这是一种基于性命的担保。借款人"必须担保其父亲（也就是阿巴贡）过不了八个月就会去世"[1]！正是这一条让悭吝人同意了借钱。误会所带来的喜剧性不能完全抹去一个人残酷

---

1 莫里哀：《悭吝人》第二幕第二场，第26页。

的厚颜无耻，他可以为了钱而舍弃自己的生命。

提供信贷的银行家不一定就是拥有这些资金的人。这些钱可以是他借来的，而他的回报来自他承担了对最终债务人的风险。就这样阿巴贡宣布以 20% 的利率借入，以 25% 的利率贷出。现代银行家们求助于中央银行来承担最终贷款人的角色。金融家阿巴贡承受着可能是他无法承受的风险。因此，我们可以部分理解这个吝啬鬼的担忧。汇集的资金需要流通起来，并伴随着一切潜在的风险。这不是葛朗台身边堆积如山的死的东西和食物。毫无疑问阿巴贡担心会有人偷走经他转手的珠宝箱，但他更加担心的是破产。

我们知道，破产可能是由精通专业的金融人士造成的。在 21世纪初，一场危机震撼了整个经济世界。在美国，金融机构向低收入的家庭发放抵押贷款，把这些家庭的住宅作为抵押，并指望房地产的价格不断上涨。这势必让这些家庭为了获得更大的房子去借更多的钱。这就是所谓的次贷危机。事实上，一旦房地产的价格停止上升并开始下跌，一切就都崩溃了，这本是可以预见的，而且无疑是意料之中的，就像一句格言所说，树木不会一直长到天上去。现代经济建立在各种制度的基础之上，并不像阿巴贡或者葛朗台各自的时代那样由个人出资。向清偿能力有限的人发放的贷款，变成一些金融证券，带着经过评估的风险，这些证券被出售给一些银行机构，机构再转让给投资人，通常是一些机构投资者。后者借助债权证券化来购买这些坏账，大多数情况下并不了解其中的风险。债权证券化就是将一些安全的债券与另外一些风险很大的债券打包成一揽子计划。随着美国房地产价格暴跌、借款人再也无法偿还其到期债务，这些一揽子计划的价值狂跌，次贷危机就此发生。

把成色好的金埃居和不值钱的破烂打包在一起，阿巴贡也是这么干的。因为阿巴贡对贷款协议中的超高利率还不满足。在总计一万五千法郎的金额中，他只数了一万二千法郎的钱，剩下的三千法郎，是用附录中的旧货、破衣服和首饰来充数的。这引出了滑稽的一幕，就是清点家具和杂物，观众可以想象到那些外观陈旧、过时又褪色的面料，毫无用处。这些旧货被估值为四千五百法郎，但只作价三千，而按照克莱安特的说法，它们还值不了六百法郎。

可别就此以为我们的吝啬鬼在利用这笔贷款来清空他的阁楼和地窖。仆人拉弗莱什的反应就表露得清清楚楚："他一定是在什么地方有个堆满破烂的大库房，因为我记得家里没有这些玩意儿。"[1]阿巴贡是一位金融家，他那些名不符实、估价过高的东西，就相当于次贷危机时那些按照虚高的房地产价值来抵押的风险债券。

没有钱，就没有命

吝啬鬼（源自拉丁语 avarus，意为贪婪）热衷于无休止地积聚钱财。金融家是货殖学（chrématistique）的行家里手，指望着自己的财富能无限地增长。尤克利翁的那坛金子和阿巴贡的那个财宝箱被偷，是这些吝啬鬼喜剧必不可少的曲折情节。但是，罗马人尤克利翁失去的是他的偶像——这坛赋予他好运的金子，而莫里哀的男主人公则埋怨自己把钱投错了地方，这是以信任和不信任来打赌的金融投机的结果，对此作者本人也了解并部分实践过。[2]阿巴贡

1　同前，第二幕第四场，第 17 页。
2　参见罗杰·杜歇纳（Roger Duchêne）：《莫里哀》（*Molière*），巴黎，Fayard 出版社，1998 年。

们热爱黄金，但并没有崇拜黄金，它是他们生命的血液。他们内心深不见底的虚空，需要用钱财来填补；渴望以财富的力量来主宰世界，从一种弱小状态或自小被灌输的说教中扳回一局；他们害怕他人，通过用金钱竖立的高墙来保护自己远离他人；吝啬的源头可谓数不胜数。

从乌戈林的父亲到阿巴贡，还有罗马最富有的人克拉苏，这些吝啬鬼当然都有积攒的喜好。不过，将他们归为一类的是一种不同寻常的确信，就是唯有金钱才能引领世界。对他们来说，人和人之间的关系只建立在财务交易的基础之上，他们的欲望只是增加自己的钱财，信任只存在于贷款协议底部的签名，爱不过是一个共同的银行账户。金钱不是一个我们应该尊敬的神，但它占据着大他者的位置，大他者是所有话语的最终参照。言辞总是没有货币强大。没有钱，就没有了命。

"要是拿不回我的钱，我就要把所有人都吊死，然后我自己也上吊。"[1]

---

1 莫里哀：《悭吝人》第四幕第七场，第60页。

第三章　燃烧的挥霍者 [1]

> 驱使我去赌博的是一种吝啬的感觉：我喜欢花钱，
> 而一旦花的不是赌博赢来的钱，我就会觉得惋惜。好
> 像在赌桌上赢来的钱没让我付出过一分一厘。[2]

卡萨诺瓦所抱怨的吝啬并不是阿巴贡、尤克利翁、乌戈林父亲的那种吝啬，也不是推动着金融家们的那种吝啬。这个威尼斯人喜欢的不是积攒财宝，他并不崇拜黄金，金币银币 [3] 也不能主宰他的生活。他喜欢花钱，但害怕劳作，不是因为劳作会带来疲乏（我们看到他筋疲力尽于旅行、骑马、衣着和各种各样的发明），而是因为劳作会赋予金钱价值。钱的成本如果用汗水来衡量，花费就会玷污它。惋惜会令人想起那些辛苦的操劳。而快乐的消费不应该惦记

1　Flambeur 意为挥霍者、赌徒，根据上下文两种译法都有采用；另外，flambeur 的相关名词 flamme 意为火焰、热情；相关动词 flamber 意为燃烧；结合两层含义翻译为"燃烧的挥霍者"，并与第五章相区分。译者注。

2　卡萨诺瓦（Giacomo Casanova）：《我的一生》（*Histoire de ma vie*），巴黎，伽利玛出版社，《七星文库》，2013 年，第 437 页。

3　原文是西昆和杜卡特（sequins et ducats），都是古代威尼斯的钱币。译者注。

着钱的价值。赌博的运气带来的黄金是白得的。在卡萨诺瓦向我们讲述的他的生活里，除了赌博玩乐还有别的事情吗？他赢多少就花多少，花的往往比赢的还多。

烧掉钞票

对挥霍者来说，钱在手里会燃烧。我们还记得，20 世纪 80 年代的法国，著名歌手塞尔日·甘斯布在电视直播中将一张钞票烧成灰烬，引起舆论一片哗然。[1] 近半个世纪后，人们还没忘记这一举动。烧掉五百法郎来做一个影响巨大的公告，这样的生意有利可图，阿巴贡们会这样解释。但是，这位英年早逝的艺术家就像一支两头燃烧的蜡烛[2]——我们常用可燃性这样的隐喻来形容类似的人物。同样，挥霍者会为了自己的巨大荣耀去破坏金钱的价值。

经济学家们赋予货币三个功能：记账单位（衡量商品和服务的价格）、流通手段（用于购买、出售和交易的工具）、储藏手段（储蓄和预支），当货币的使用似乎不再属于这三者之一时，我们就出离了理性的空间。燃烧的纸币是一种祭品，敢这样做的人拉近了与诸神的距离。

上世纪末，烧毁钞票所引发的议论——更多是反感而不是钦佩——还没有消失，一个熟人来问我能不能接待维维恩，一名二十来岁的青年。她认为这个青年很需要咨询，因为他胡乱花钱。我只

---

1 1984 年 3 月 11 日，法国著名歌手甘斯布（Serge Gainsbourg）在法国电视一台的"一周七天"节目中，将一张五百法郎的纸币烧掉了一大部分，声称烧掉的那部分对应着他交税的比例 74%，以此来抗议过高的税收，并引发了激烈的争论。译者注。
2 两头燃烧的蜡烛指挥霍钱财与糟蹋身体。译者注。

是回答说这个年轻人得自己来预约。

　　一般来说，我不希望事先了解潜在病人的有关资料，无论是哪种性质的。第三方讲出来的内容并不属于主体。在这种情况下，即使内容跟这个主体在首次访谈中所说的相似，也不是用本人的话说的。"或许，威尔逊先生，能不能劳驾您再讲一遍您的故事……这个故事如此独一无二，让我非常渴望从您自己的口中获知所有的细节。"[1] 福尔摩斯深谙此道，他用维多利亚式的礼节，要求他的委托人亲口陈述他提出请求的缘由。然后，他坐在"他的大扶手椅中，以那种疲惫的神情加上沉重的眼睑来掩盖他灵敏而炽热的本性"[2]。他半掩住自己对来访者话语的兴趣，以便一个模糊的含义在某个难以察觉的细节、口误或声调迂回之处显现出来。分析家的倾听就是如此，其推动力在于意料之外的事情。

夸富宴

　　告诉我维维恩是一个乱花钱的人，想要我给他做咨询，这样的做法是在假设我也赞同这个评判。我更应该是一个阿巴贡，而不是卡萨诺瓦。但是，难道他不能用自己的钱做他想做的事吗？把钱存下来还是挥霍掉，他才是作决定的那个人。在见到这个年轻人之前，我对他的了解和推动他来做咨询的东西，已经引起了我的注意，因为这种大肆挥霍、纯粹只带来损失的问题，是那个年代的随便哪个

1　阿瑟·柯南·道尔（Arthur Conan Doyle）：《红发会》（*La Ligue des rouquins*），《福尔摩斯探案集》（*Les Aventures de Sherlock Holmes*），巴黎，Omnibus 出版社，2005 年，第 437 页。

2　阿瑟·柯南·道尔：《工程师的拇指》，《福尔摩斯探案集》，第 749 页。

精神分析家都会认真思考的。他一定读过马塞尔·莫斯[1]关于夸富宴的著作，了解克洛德·列维-斯特劳斯的债务流通，他也读过乔治·巴塔耶的《被诅咒的部分》。[2]这类问题总是涉及对价值进行燃烧的那种辉煌。

在北美西北部的印第安部落中，在被称为"夸富宴"的仪式上，一些氏族会举行钱财交换的竞赛。被交换的不是有用途的财物——这些东西可以是易货贸易的对象——而是符号性的钱财。卡萨诺瓦以同样的方式区分了两种形式的钱，尽管代表它们的钱币是相同的。赌博的钱是纯粹的收益，不同于有成本的钱。前者的来源是神秘的，后者则是一种有用的工作的报酬，是交易、交换所用的货币。在夸富宴中，人们会毫不犹豫地送出一些编织毯、鱼油，特别是一些精雕细刻的铜盘（这是货币原型，它价值高昂但并不用于财物流通）。这两种形式在此是有区别的。送出的每一份钱财都会带来一份更值钱的还礼，这样赠予者才不会丢脸。这是一个荣誉、威望和承认的问题。人类学家马塞尔·莫斯明确指出，"一切都相关联、相混合；东西有了某种人格，而这些人格在某种程度上也是氏族永恒的东西。头衔、护身符、铜器和首领们的神灵都成了同音词和同义词，本质一样、功能相同"[3]。在这场角力中，氏族首领甚至可

1　马塞尔·莫斯（Marcel Mauss，1872—1950），法国社会学家、人类学家，被称为"法国人类学之父"。译者注。

2　参见马塞尔·莫斯：《礼物——古代社会中交换的形式与原因》（*Essai sur le don. Forme et raison de l'échange dans les sociétés archaïques*），见《社会学与人类学》（*Sociologie et anthropologie*），巴黎，法国大学出版社，1968 年。列维-斯特劳斯：《亲族关系的基本结构》（*Les Structures élémentaires de la parenté*），巴黎，Mouton出版社，1967 年。乔治·巴塔耶：《被诅咒的部分》（*La Part maudite*），及之前的《花费的概念》（*La Notion de dépense*），巴黎，午夜出版社，1967 年。

3　马塞尔·莫斯：《礼物——古代社会中交换的形式与原因》，第 226—227 页。

以毁掉自己拥有的东西。他打破铜器，烧掉鱼油和毯子，令对手无法还礼。这样做可以耗费掉过剩的能量，这种过剩的能量就是"被诅咒的部分"，人类会用战争、祭品、盛宴和宏伟建筑等来摧毁它。[1]这是奢侈的浪费，是无用的胜利，是阿巴贡们最为憎恶的。

无论我有没有意识到，以上都是由一句关于主体维维恩的话所引发的。这也是我接待他时必须忘记的东西。与其他人相比，金钱问题必然会出现在精神分析家以及所有治疗师这里。精神分析家无法避免这一点，因为就像同时代的人，他也一样是个"经济人"——由经济学家发明的、出现在财务交易中的虚拟的人。他是经济的参与者和主体。他用钱来买必要的和多余的东西，他囤积或者浪费。他通过自己的工作来换取报酬。

显然我们可以断言，比如食物的问题肯定同样存在。和他的分析来访者一样，分析家也要吃饭。他可能热爱美食，也可能并不在意味道，当然他最好没有厌食症。他评价菜肴的方式有可能影响他的倾听，这也属于移情。但是烹饪的口味，就像餐桌礼仪一样，可能永远不会出现在他们的交流中。分析来访者不会用新鲜蔬果或者肉制品来付款。同样，分析来访者和分析家交谈，最好是用同一种语言。但是分析来访者就算偶尔会这样想，也不会真的用一些词语来向分析家付费。金钱是他们之间交换的唯一客体。

因此重要的是，每一次都能将客体和其牵涉到的意识形态区分开来。分析家可以是普通素食者、纯素食者，甚至是无麸质饮食的提倡者。有何不可呢？只要他不认为人们必须接受无肉、无蛋奶制品、无面包的膳食，只要他能在工作中设法抛开自己的信念。于是，他在倾听的时候既不是语法学家，也不是语言学家，即使他会跟踪

---

1 参见乔治·巴塔耶：《被诅咒的部分》。

语言的流动和演变。现在我不会再把"邮件"（mail）一词当作一个需要探索的问题，也不会质疑为什么用"短信"（texto）来替代本来的"短信息"（textebas），而"四马"（quatre chevaux）再次还原为一种马术形象，而不再是指一辆汽车，因为雷诺公司的"四马"这个车型已经消失了。

在我写作本书时，也就是维维恩的咨询被提出近三十年之后，意识形态的背景发生了变化，金钱似乎成了一种更罕见的东西。乔治·巴塔耶对被诅咒的部分（也就是过剩这一主题）的思考，也几乎不再被提及。我们还记得塞尔日·甘斯布只烧掉了那张钞票的一部分，烧掉的比例就是他声明自己交税的比例。这与其说是糟蹋东西，还不如说是挑衅示威，说是光荣的壮举，还不如说是愤怒的姿态。人们对待金钱的态度跟随着时代的潮流。经济学并不是一门精确的科学。民族学也不是。马塞尔·莫斯关于礼物流通的精彩说法并没有过时，只不过夸富宴的仪式——无疑并没有所写的那样花费浩大——被放到了婚姻费用的情景当中。符号的全能性意味着一种遵循着精确规则的普遍的交换，相对于想象来说，它具有优先地位，而在这里，它受到了质疑。存在着一些不能让渡的神圣的财产，对它们是不能进行交易的；而且人们对于其关系（relations）的想象可以战胜其关系（rapports）的形式[1]，这种形式看似是被结构性强加的。[2]

---

1 relation 与 rapport 在汉语中都可以翻译成"关系"，但是 relation 相对来说属于想象秩序，而 rapport 属于符号秩序。译者注。
2 参见莫里斯·戈德利（Maurice Godelier）：《礼物之谜》（*L'Énigme du don*），巴黎，Flammarion 出版社，《田野》（*Champs*），2008 年。

两种形式的钱

还有卡萨诺瓦和他所讲的关于钱的话。花钱的方式当然不会跟挣钱的方式毫不相干。对挥霍者来讲，财富的源头属于天意。卡萨诺瓦坚持说：

> 但我为什么要赌呢？我并不需要，因为我有那么多的钱，足以满足我所有的愿望。为什么我明知自己患得患失还要去赌？让我不得不去赌博的是一种吝啬的感觉。我喜欢花钱，但如果花的不是赌博赢来的钱，那么我的心都在滴血。[1]

在听到维维恩的名字近两年之后我接待了他。以上是我对他的理解，虽然是以另一种形式进行的理解。他保存着我的地址，并在那天约见了我，确定地说要来"评估一下他的生活"。我以为会见到一个被宠坏的孩子，而实际上他是一个果断的年轻人。他马上跟我谈到了钱：钱从哪儿来，用来做什么；如何得到它，又如何花掉它。这么多的问题，他既知道答案，又在内心打开了一个疑虑的深渊。在商学院学习的最后一年，他参加了一个有报酬的实习，毕业后他会在这家金融公司正式工作，从那时起他就在思考，说是思考，只是不想表露自己为此而感到焦虑。在那之前，经济学对他而言只是一门功课：交易、货币、金钱、信用，一套需要懂得的理论而已。实际上，跟办公室同事的交往，是引发了他提出这些经济问题的主

1　卡萨诺瓦：《我的一生》，第 828 页。

要原因，"或者说是同事们使这些提问得以呈现"，我跟他说。

　　维维恩领会了我的话。他在回答中提到家庭的富裕消除了对物质的担忧。他的父母都是自由职业者，而且已经把事业做成了一家非常赚钱的公司。他们的两个孩子，维维恩和他妹妹，生活在一个从不缺钱的世界里，钱在这里从来都不是问题。父母热爱自己的职业，不需要向任何人汇报，只对自己负责，他们已经创造了足够优越的生活条件。一个看似田园牧歌般的世界。没人会在家里讲起与同事或者上司的糟糕关系、经营状况的好坏、跟银行或者合伙人的冲突。要么是因为这种事根本就不存在，这是自由职业的好处；要么是这对夫妻没有把烦恼带回家来，这是他们在一起工作的好处。在我看来，维维恩的话语充满了怡然自得的放心，有那么点儿孩子气。但是，自由职业本身有可能一转眼就变成忧虑和不确定的源头，共同打拼也会使这对夫妇难以忘怀创业的艰辛。

　　如今，维维恩不再和父母住在一起，而是跟一个同学合租一套公寓。在家庭的资助下，他的物质条件依然很舒适，不过还是要面临我们所说的生活成本这样一个现实，这对他来说曾经只是一个抽象的概念。在那之前，他花钱是没数的，他是一个挥霍者，不是挥霍在赌博上，因为他并不需要赢钱，他的挥霍是因为无法拒绝任何东西，无论是对他人还是对自己。大学期间，他四处找资助，筹备了很多学校的庆祝活动，经常花天酒地。他因自己的组织能力而闻名，有时还以牺牲学业为代价。他是一个真正的卡萨诺瓦，在异性方面大获成功，过的是一种寻欢作乐又自由散漫的生活。但学生生活结束后，他走入的社会是这样的：每日工作的现实比花天酒地的晚会更为重要，这让他非常受挫。尽管维维恩很享受那些骄奢淫逸的活动，却并未建立起牢固的情感纽带。他的艳遇都不长久，他的友谊也稍纵即逝。突然之间他就成了孤家寡人，尤其是跟他合租的同学也订了婚，很快就要结婚了。别人把我的地址给他时，他完全没有想到将来有一天要来咨询，但他留着地址，并决定在这个分离和孤独的时刻前来。

普遍的不满

我接待维维恩的时间不长。几次会谈，与其说是"评估他的生活"，不如说是让我了解一些他已经知道的东西、听听他的感受。他用自己的薪水来支付会谈的费用，我根据他的工资来确定收费。后来他吐露说，"用自己挣来的钱付费，感觉很奇怪"。

怡然自得的放心，笃定的自恋，毫无拖延的满足，金钱取之不尽的幻想，这一切，对于任何一个精神分析家来说，都代表着一种口欲阶段的固着，那时的婴儿感受到的是一个以自己为中心的世界，等着那永不枯竭的乳房来立即且无限地满足自己的欲望。挥霍者把收到的钱随便给出，就像吃饱的婴儿会吐奶、打饱嗝，有时还会以粪便的方式排出。维维恩就一直停留在此处，直到很晚之后，现实才把他逐出了这个婴儿优先于成年人的梦想世界。从这个角度来看，金钱代替了奶水，当它不再哗哗流淌时就会发生断奶，就必须去挣钱了。工资是工作的成果，工资喂养着他，就像要用勺子一勺一勺地把食物送到嘴里一样。这需要做一番努力，而不再是没有延迟、毫无困难的满足。

母亲给孩子的奶水太少，她喂奶的时间不够长。有可能这往往跟我们所处的文化环境有关，但肯定不像分析中显示的那样普遍。这一抱怨似乎更像是表达了儿童们普遍存在的不满……他们在六到九个月大时被断了奶，而在原始社会中，母亲会全身心地喂养孩子两三年，似乎我们的孩子一直都没吃饱，似乎他们从未吃够母亲的奶水。但我不能肯定：如果一个儿童像原始人的儿童一样，吃了足够多的奶水，那么在他的分析中，我们就不会遇到同样的抱怨。儿童贪婪的力比多竟如此巨大！[1]

弗洛伊德说得没错。口欲被完全满足的情况就从未存在过。失望从一开始就有。维维恩并不是一个被彻底满足的人，他并不比别人满足得更多；正相反，他表面上毫无限制的花费无疑是为了掩盖某种荒芜。随着会谈的进展我们逐渐揭开了这一面。他父母对待金钱的态度，那种会被阿巴贡视为肆无忌惮的做法——一掷千金、只顾眼下——似乎源于延续了三代人的灾难、迫害和流放。维维恩是这个幸存家族的最新一代人，他的家族经历过俄罗斯革命、纳粹的追捕，还有南美洲的独裁统治。每一次灾难都给家族的传说又添上一笔。曾经有一位老奶奶[2]在穿越国境线的时候，把装满家族财宝的钻石腰带托付给一个陌生的年轻人，嘱咐他一旦穿过边境就把腰带还给她……他也真的这么做了。还曾经有巴黎寓所的门房告知，有天早上他们不在家时盖世太保来过，他们逃亡前刚来得及取回藏在一个不引人猜疑的法国人的车库里的黄金。以及在乌拉圭，一个朋友打电话警告他们不能回家，但是他们的儿子却还设法从家

1　弗洛伊德：《女性性欲》（*De la sexualité féminine*），《弗洛伊德全集／精神分析·19》，第18—19页；也参见本书第一章。
2　原文为 la baba，可以是俄罗斯和波兰的 Baba Yaga、罗马尼亚的 Baba Dochia、保加利亚的 Baba Marta 等，一般是东欧神话中经常出现的老奶奶或者女巫的形象。译者注。

里带出了他们早就准备好的一件外套，外套的夹层中缝着满满的美元。维维恩的父母还告诉他，他们也已经采取了预防措施，在国外开了两三个银行账户。

相信天意

我们同样看到了卡萨诺瓦提及的两种形式的金钱。他舍不得花费的钱，让他感到吝惜的钱，是来自工作的钱，是来自贸易的钱，是与他人做买卖的钱，是生活中的一千零一种花费所需的钱。我们正谈论的这个案例中，维维恩是受到庇护的，他坚信无论历史长河如何风云变幻，自己都不会落入贫困的生活。因而，就像卡萨诺瓦不会去计算赌博中赢了多少金子一样，这个年轻人在浪费父母给予他的慷慨馈赠时也会毫无限制。父母表面上的无忧无虑，无疑是忘记了家族经历过的那些可怕考验。我们都知道，九死一生之后奇迹般脱险的幸存者们会有一种狂热的乐观。[1]这远远超出了那种对不够慈爱的母亲的失望，他们克服了最艰巨的考验、抛弃和威胁，以及对相当一部分同类的怨恨。从那以后，他们只相信曾经拯救过他们的天意。这就是在保护神的庇佑下，赌徒不断想要证明的东西。如同夸富宴的主人一样，他要维护自己在周围人眼中的形象，得到无限的威望、绝对的认可；从表面上看，自恋取得了胜利。

两种形式的金钱之间的区别——我们在卡萨诺瓦那儿读到的和我在维维恩那儿再次见到的——并不仅仅是一种表面形式。这种区

---

1 参见乔瑟夫·比亚楼（Joseph Bialot）：《日子在冬季变长》（*C'est en hiver que les jours rallongent*），巴黎，瑟伊出版社，2002 年。

别在于主体每一次都以完全不同的方式卷入与世界的关系。意外之财、幸运之果、天赐甘露，就像夸富宴中带雕刻的铜器一样，都不会进入交易当中，货币在此失去了它的主要功能。挥霍对应着一种使用财富的方式，就是不去考虑甚至抹除他人，他人的欲望、爱或者恨都不重要。因此我们能够理解，对于维维恩的家族来说，遭受了如此多的暴力之后，这样保持距离是多么的必要。挥霍掉的金钱，是幻想中的金钱，它意味着满足是有可能的，它回应了儿童力比多的贪婪。有了它，主体梦想着自己心满意足，永远都不会失望。

幻　灭

"最终，我在离开十五天之后又回来了。……我以为他们会满怀期待地等着我，但我错了。"[1] 陀思妥耶夫斯基在《赌徒》中撰写的半自传性质的忏悔，是以一种失望开始的。这种失望贯穿在整个叙事中。这篇以私人日记的形式撰写的小说，讲述了一个年轻的俄罗斯人阿列克谢·伊万诺维奇沉沦的故事，他变成了一个积习难改的赌徒。故事的主要情节发生在德国一个以赌场闻名的温泉疗养地，模仿了威斯巴登或者是巴登-巴登[2]，1862 年陀思妥耶夫斯基就是在巴登-巴登发现了轮盘赌，随后便沉迷其中，难以自拔。阿列克谢在一个破产的贵族将军家当家庭教师，是一个得不到认可的人物，因为需要工作，他的地位在仆人和上流人士之间摇摆不定。

1　陀思妥耶夫斯基：《赌徒》（Le Joueur），巴黎，伽利玛出版社，《七星文库》，1956 年，第 803 页。
2　威斯巴登（Wiesbaden），德国中部黑森州的首府，以温泉著称，是欧洲有名的疗养胜地。巴登-巴登（Baden-Baden），德国西南部城市，是著名的温泉疗养地。译者注。

以这样的身份，没人清楚他应该跟将军及其家人同桌吃饭，还是应该和仆人一起吃饭。阿列克谢疯狂地爱上了保利娜——将军的继女（虽然没有明说，但她无疑是将军已故妻子的第一次婚姻的孩子）。阿列克谢就像当初的陀思妥耶夫斯基，爱上了某个名叫保利娜的女人，并且为了她，抛弃了自己的妻子。

小说中有三个非常典型的俄罗斯人（阿列克谢、将军、保利娜），还有一位二十五岁的伯爵夫人布兰奇·德·科姆斯，实际上她是假贵族和真交际花，有着不可告人的过去，身边还陪着一个假扮的母亲；还有德·格里奥侯爵（陀思妥耶夫斯基肯定是读过《曼侬·莱斯科》[1]，里面的男主角就叫这个名字），他应该是一位真的贵族，名副其实的冒险家，是将军的债主，将军把所有的财产都抵押给了他。在这两位有点腐败的法国人之外，还有一位审慎的阿斯特利先生，一个真正富有的英国人，他是故事讲述者的知己，躲在阴影中的他也爱上了保利娜。

在这个小小的世界中，关系的纽带就是金钱，是人们所拥有的金钱，更是人们没有但却希望拥有的金钱。故事中，金钱的出现从来都不是作为交易或劳动的结果，金钱的出现都是为了抛头露面、获得名声、乘坐香车宝马去四处炫耀，而支付薪水或者向酒店付账只不过是无关紧要的附带。但是，这些钱，这些盾、这些法郎、这些卢布、这些普鲁士塔勒，他们人人都缺。将军想得到布兰奇，她也愿意顺从他，甚至嫁给他，条件是他有钱之后。德·格里奥也紧盯着将军，但见财富迟迟未到，已经等得有点不耐烦了。保利娜可

1　法国作家普雷沃（Abbé Prévost，1697—1763）写于 18 世纪的小说《骑士德·格里奥和曼侬·莱斯科》（*L'Histoire du chevalier Des Grieux et de Manon Lescaut*），后被多次改编为歌剧、电影等。译者注。

能看上了德·格里奥，但是她负债累累，于是，她请阿列克谢——故事的讲述者——把她的钻石拿到巴黎去典当。在书的开篇，阿列克谢回来了，手上的钱却比预计的要少。所有的人都靠着借贷来招摇撞骗，花着他们没有的钱。只有阿列克谢，尽管他的薪水微薄，却是唯一一个承认自己经济条件很差的人，虽然他并不接受这一点。他是一个倔强的奴隶，以为自己在保利娜眼中就是一个透明人，在将军面前就是一个举止失当的下属。但是，面对那些装作没看见他的人，他随时准备着捍卫自己的荣誉。他试图坚持自己的存在，他这样做，与钱无关。

因为财富的存在引人窥伺。死亡可以带来财富，比如巴布林卡[1]的死亡就是这样。我们也不太清楚这位可怕而有钱的老奶奶、老阿姨、老婆婆是谁，但不管怎样，这么一位长辈有遗产要留给将军，因为他是她最近的亲戚。她已经七十五岁了，将军收到电报说她得了病，生命垂危，她就这么出人意料地出现了，打乱了所有的计划。但是，阿列克谢是她唯一看重的人，这个人值得她的关注。她请年轻人陪她去赌场，她对这种地方一无所知，而命运就此展开。她去赌博，赢了很多，第二天继续玩，输了更多，她决定离开，却又情不自禁地继续下注，直到输得丧失了理智。后来，巴布林卡老奶奶回了家，并没有完全破产——她还剩下一些房子、村民，也还有一些钱，而阿列克谢却染上了赌瘾。他也赢了一大笔钱，想送给保利娜；但保利娜陷入了某种谵妄的状态，拒绝了他，并把钞票甩在这个年轻人的脸上。随后的两个月中，阿列克谢在布兰奇的关照下，在巴黎，把赢来的钱挥霍一空。在本书的结尾，我们在另一个温泉城的赌场又见到了他，他成了一个狂热的赌徒，因为欠债进过

---

1 Baboulinka，俄语，意为"亲爱的小祖母"。译者注。

监狱，还一度为了生存做过仆人，并接受了阿斯特利先生给他的一些施舍。

小说的结局如下。把将军洗劫一空之后，德·格里奥消失了，这个冒险家在我们不知道的地方继续着他的冒险。而将军又得到了巴布林卡的遗产，巴布林卡死的时候还是很有钱，将军娶到了他梦寐以求的女人布兰奇。布兰奇嫁给了将军，不久将军就死了，她成了寡妇，但她也算是得偿所愿，功成身退。保利娜，老奶奶在遗嘱中没有忘记她，在阿斯特利先生的陪伴下逐渐恢复了健康，她终于在默默爱着她的人身旁获得了安慰。每个人都走上了自己的道路，满足了自己的欲望，除了讲述者阿列克谢，他已经陷入了赌博的地狱。挥霍招致了幻灭。

苦役犯的浴室

"如果说《死屋手记》引起公众的兴趣，是因为它描绘了一幅之前从未有人亲眼目睹的苦役犯的图景，那么这个故事肯定也会引人注目，因为它无比生动而详细地描绘了轮盘赌……这是一种地狱般的景象，就好像苦役犯的浴室一样。"1850 年陀思妥耶夫斯基被判入狱，在狱中度过了四年，《死屋手记》表现了这段经历。在给一位朋友的信中，他向朋友要钱，并宣告要撰写《赌徒》，作者再次以见证人的身份出现。"重点是他所有的生命元气、力量、冲动和勇气全都被轮盘赌压榨得一干二净"[1]的那个人物，就是作者

1　陀思妥耶夫斯基：1863 年 9 月 18 日给斯塔可夫（Strakhov）的信，见《赌徒》，第 1121 页。

本人。而且我们知道写这部小说本身正是一场赌博的结果。1865年夏天，为了换取三千卢布，陀思妥耶夫斯基承诺在 1866 年 11 月1 日前向出版商斯特洛夫斯基提交一部有若干页的小说。如果他不遵守承诺，出版商有权出版他未来的所有作品而无须向他付费。文本完成于 10 月 31 日，但颇为狡猾的出版商说自己来不了。于是陀思妥耶夫斯基将手稿拿到警察局，来证明他已按规定日期交了稿。这一场他赌赢了。

陀思妥耶夫斯基觉得，《赌徒》里面的人物亲眼所见的赌场并没有报刊中吹嘘的那么富丽堂皇。他很失望。那里挤满了贪婪和忧虑的人，比金子要多得多。他看到的赌场肮脏不堪、道德败坏、卑鄙下流。这同样会让他想起苦役犯监狱，想起圣诞节前苦役犯们会造访的蒸汽浴室。他们期待已久、无比渴望的地方原来是一个拥挤不堪的房间，脏水四处飞溅，一个满是浓浓蒸汽的炉子，人们在那儿鬼哭狼嚎。流淌的、丢掉的不是钱，甚至都不是水，而是汗、是蒸腾的雾气和平时少见的炽热。在这样一间地狱里，拴住人们的不是轮盘赌，而是乏味得多的脚镣，这些拴住他们、吸走他们力气和冲动的铁链，不仅在室内，也在室外。赌徒离开赌场时也继续被拴在他的狂热当中。不过，他走进去的时候不一定是这样。走进这样浴室的，也有一些自由的人。

为赢钱而赌博

当《赌徒》的讲述者阿列克谢——我们知道他带着作者自传的成分——第一次进入赌场大门的那天，他发现那里很令人失望，显然那时候他是自由的。他对自己的处境感到不满，他被将军蔑视，发现他在保利娜眼里就是一个零，这刺痛着他。而现在，他作为跟班，代表巴布林卡来赌博。这是一份工作。他带来的钱仍然被打上了斤斤计较和贪财的印迹。只有出钱的人才能得到赢来的钱。"为什么赌博就比别的赚钱方式糟糕呢？比如说做买卖？"[1]走进赌场的阿列克谢，对赌博并无兴趣，他走出来的时候，对赌博还是没有兴趣，他一直在寻找的是他的自尊。他的情况还没改变，他还没燃烧起来。然而，一根木炭无疑已经点燃。他赢钱了。当他押注的红色第四次出现时，他有一种奇怪的感觉，如此无法忍受，以至于让他想要离开这个地方，但是在走之前，他又赌了一把并赢得了第五轮！

有钱人巴布林卡奶奶出现了。虽然阿列克谢在别人眼里什么都不是，但她就是把他当绅士一样对待。虽然她轻蔑地打量着将军，并告诉他自己不会给他一分钱，但是她却要求阿列克谢陪她去赌场，去认识轮盘赌。她发现零点为赌场所偏爱，因为当开出来结果为零点时，庄家就可以得到桌上所有的筹码，于是她发起了挑战，总是押注在零点上。轮盘一开，她把赌注和赢来的钱都押在这个数字上；再次开始时，她又这样做，整轮赌局她都这样做的。她赢得了一堆堆的金子，一捆捆的钞票。"很显然，十次里头就出现三次零点的情况比较罕见，但是也没有什么好奇怪的。我自己就在前两天看到零点连续出现了三次，而且当时，有一个赌徒……在一张纸上很认真地记了下来。"阿列克谢写道。如今，在巴布林卡身旁，阿列克谢找回了自我认同和自尊，他梦想着能驾驭财富。"我是一名赌徒，就在那一刻我感觉到了。我的胳膊和双腿在颤抖，我的太阳穴突突直跳。"[2]他是自己的主人，从此他想象着自己成了命运

1　陀思妥耶夫斯基：《赌徒》，第813页。
2　同前，第878页，原文中有下划线。

的主人，或至少他情不自禁地想去证明这种掌控。

　　"在威斯巴登，我制定了一套赌博体系，将它投入使用，马上就赢得了一万法郎。早上……我改变了做法，立刻就输了。晚上，我极其严格地用回了这个体系，很快又毫不费力地挣了三千法郎。告诉我，在那之后，我怎么可能不去相信通过严格运用一套体系我就可以把幸福握在手中？！"[1] 陀思妥耶夫斯基在写给弟弟米歇尔的信中这样写道，他写信给弟弟是告诉他：自己输掉了所有的钱。我们怎么能不被赢钱带来的无所不能的感觉冲昏头脑呢？

为荣誉而赌博

　　阿列克谢为了拯救保利娜，让她拿回失去的财富而赌博，并且赢了钱。"我曾为保利娜感到难过，但奇怪的是，从我走近……赌桌并开始堆积一捆捆钞票的那一刻起，我的爱不知何故已退到了第二位。"[2] 他继续放肆地赌博，赌注越押越大，直到赌场都无法清偿。"我相信，自尊在此起了一大半的作用，我想通过疯狂的冒险来震撼那些观众，还有一种奇特的感受，就是我清楚记得就在突然之间，没有任何自尊的推动，我就被一种对风险的渴望占据了。"[3] 超过了对另一个人——保利娜的爱，甚至超过了对自己的爱，这种爱也远远超过对钱的爱，阿列克谢的行为指向的是夸富宴：他是为了威望而赌博，而且是一种绝对的威望，是展示给大他者的威望。

1　陀思妥耶夫斯基：1863 年 9 月 8 日给弟弟米歇尔的信，见《赌徒》，第 1120 页。
2　陀思妥耶夫斯基：《赌徒》，第 926 页。
3　同前，第 918 页。

"我曾经习惯于把一切都押在一张纸牌上。也许真相就是我没法承受金钱的诱惑。"[1]阿列克谢接受了这样的赌注：丢掉工作、远离朋友、远离心上人和将军。他跟着布兰奇走了，一起用了几个星期去挥霍轮盘赌中赢得的财富——将近今天的一百万欧元。正是在这里，我们再次看到了卡萨诺瓦所说的两种形式的钱。作为一名家庭教师，阿列克谢计较着自己薪水的使用；但是巴布林卡奶奶（是他陪着去赌场的）则通过放手赌博来赢钱，而且如果她输了，那只是因为她太想赢回赌注；现在，阿列克谢见识了布兰奇身上的唯利是图，她只是表现得花钱如流水。"在对待自己金钱的问题上，很难想象还有谁能比布兰奇小姐那一类人更多疑、更吝啬。"[2]布兰奇本以为阿列克谢是个小气鬼，还准备花大力气从他身上搜刮出每一个子儿，但却发现他是个真正的大赌徒。"可是，你知道吗？你太轻视金钱了。"[3]她告诉阿列克谢，几乎有点失望。因为，布兰奇花的是她卖弄风情赚来的钱，用卡萨诺瓦的话说，那是需要省着花的钱，我们知道这钱从哪儿来，能够衡量这需要花费多少的努力，就像家庭教师为将军服务所得到的薪水，或者有钱的老头儿收来的租金。然而阿列克谢随手花掉的是赌博赢来的钱，是毫无限度的花费，是夸富宴中被打碎的铜器、被烧掉的油。

为挥霍而赌博

挥霍掉的货币不是用于交换，即一种互相的确认；也不是用于

1　同前，第 928 页。

2　同前，第 929 页。

3　同前，第 932 页。

储蓄，即储存起来让自己心安。挥霍货币，也可以用来获得某种地位或者购买威望。部落首领贡献出他的财产以保住影响力；歌手烧掉他的钞票来扩大名气。我们发现，在《赌徒》的一开始，阿列克谢寻找的是感激之情。然而，赌场中的获利并没有带给他自尊。他的自尊是在巴布林卡奶奶称他为"先生"的时候获得的，这个称呼授予他一个位置——一位受过教育的年轻人。我们也不能就此断言，维维恩，那个过于慷慨的学生来咨询，是期待着他的花费能得到哪怕是一丝丝的感谢。他的确是有钱人并受过教育，他知道这一点，甚至可能知道得有点太多了。挥霍远不止是自恋和自我肯定。玩家的身份是塑造出来的。在无限的重复中受到考验的，不是他作为一个主体的位置，而是失望，弗洛伊德认为这种失望源于儿童力比多难以满足的贪欲（avidité）。

　　"接下来你怎么办，说说看？"布兰奇问阿列克谢。
　　"之后，我要去洪堡，在那儿我会再赚十万法郎。"[1]

　　阿列克谢仿佛已经胜券在握……
　　挥霍者在这种"仿佛"中变化着。在花钱时，他的所作所为就好像钱的源头取之不尽，正是因为这种特定的货币并不带有劳动的味道，卡萨诺瓦在使用这种货币的时候毫不吝惜。就像是一种天赐，他有一个聚宝盆，他梦想着它可以不断被填满，而且赌徒可以在轮盘赌中去寻找这种感觉。从那时起，他的做法就好像自己是财富的指挥官。"我真的了解这个诀窍：它是如此的愚蠢和简单。……绝

---

[1] 同前。

对没有输掉的可能。"[1]陀思妥耶夫斯基吐露道。我们在《赌徒》中看到,在赌桌旁,这帮人忙于记录下开出来的数字,进行各种运算,给出一些不容置疑的见解;还有一些人,比如埋怨阿列克谢的巴布林卡奶奶,会指责某些人带来了霉运;此外,还有一些玩家离不开某个护身符。"就好像"输钱的有形的现实丝毫不会影响赢钱的想象的坚信。

卡萨诺瓦说:"在我看来,赌博中赢来的钱并没有花我一分一厘。"并非所有的挥霍者都是赌徒,但对两者来说,花费的钱好像都没有让他们付出任何代价,甚至是花费才定义了这些钱。无论是继承的遗产,是一笔得到或赚来的财富,是一出生就有,还是来自某项活动或者运气,这笔钱在被光荣地浪费掉的那一刻,就不再有任何历史,货币已经脱离了它通常的符号功能。它不再用于交换,而只是用来见证外表。这是一种想象的货币,是印第安首领在夸富宴中烧掉的东西,他没有必要假装,因为他在仪式过程中使用的货币实际上是一种货币原型,跟他的人民在易货贸易中使用的货币是不一样的。

一名来自维也纳的学生

有个波兰年轻人,来自一个古老的贵族家庭,他在维也纳庆祝自己通过了一场大学考试,在场的还有他的叔叔——总参谋部的一位高级军官,这个人物在斯蒂芬·茨威格的《一个女人的二十四小

---

1 陀思妥耶夫斯基:1863 年 9 月 1 日写给芭芭拉·康斯坦(Barbara Constant)的信,见《赌徒》,第 1120 页。

时》中类似于一个氏族首领。这个叔叔带着侄子去赛马场赌马，连赢三场之后又带他去一个有名的地方吃晚餐。第二天，这个学生收到父亲寄来的一笔钱，作为考试通过的奖励，数额相当于他平时整整一个月的花费。"就算两天之前，这笔款项对他来说还显得相当可观，但此刻，在赢钱如此容易之后，这笔钱在他看来却是那么的少，那么的微不足道。"[1]他发现钱有时候得来不费吹灰之力，花起来又是如此轻而易举。于是他又回到了赛马场。茨威格强调说，是财运，或者不如说是厄运，推动着他把赌注加倍。从此以后，他就不停地赌钱和挥霍。他的生活天翻地覆。那种通过努力换来的钱、他预计能从未来的工作中赚来的钱，不复存在了。只剩下一种形式的货币，不断被赢得和输掉，总是指望着运气。

一天晚上，在蒙特卡洛，当他输得精光，正考虑自杀的时候，一个四十多岁的女人出现了，她见到过他赌博时的疯狂、他的失败和随之而来的绝望。她跟着他，安慰他，最终与他共度了一夜，一个欣喜若狂而又绝望不堪的夜晚。第二天似乎是一个救赎的日子。这个女人，也是故事的叙述者，一个直到那时都无可指摘的寡妇，以一种母亲般的目光注视着年轻人。她劝说他放弃这种狂热，让他在祭坛前发誓，还请求他尽快逃离这个城市和这里的赌场。"是上帝派您来的。"然而，不管年轻人怎么拒绝（"求求您了，不要给我钱！……别给钱……别给钱……千万不要让钱出现在我的眼前。"[2]），她还是给了他五张现钞让他去买火车票，并还清了他欠下的债。我们可以猜到结局：她又在轮盘赌的赌桌上见到了这个

1　斯蒂芬·茨威格：《一个女人的二十四小时》（*Vingt-quatre heures de la vie d'une femme*），《长篇小说、中短篇小说及散文》（*Romans, nouvelles et récits*）第一卷，巴黎，伽利玛出版社，《七星文库》，2013 年，第 865 页。

2　同前，第 871 页。

年轻人，他对赌博比以前更加狂热。当女人恳求他离开时，他扔给她几张钞票，就像用几张钞票摆脱一个想要纠缠他的妓女一样。多年以后，这位在儿女们那里找到了寄托的寡妇，得知与她共度二十四小时的年轻人已经自杀了。

手淫的危险

从斯蒂芬·茨威格的这部短篇小说出发，弗洛伊德可以作非常精彩的解读……非常弗洛伊德式的解读。这是一个男孩的俄狄浦斯幻想。在茨威格的文字中，女人被这个赌徒的双手给迷住了——赌博就相当于手淫，有引人上瘾的风险。"如果母亲知道手淫会给我带来危险，她肯定会保护我，允许我把所有的柔情都引向她的身体。"[1]年轻人这么想，却不自知。这令人信服地解释了主角之间年龄的差异、救赎感（来自独自偷欢的负罪感）、自杀（意识到会失去）、在女人和妓女之间的混淆（把母亲当作站街女能令这个禁忌之人变得可以接近）、尤其是钱的问题在任何时候都没有被提到，尽管钱仍然是赌博的原动力。"对赌博的迷恋，带有试图摆脱它而进行的徒劳挣扎，这和赌博带来的自我惩罚的情形一起，构成了手淫的强迫性重复。"[2]

从这个角度看，赌博相当于手淫，赢钱是一种自淫的愉悦，输钱则是对这一做法的惩罚。硬币和纸币的增多或消失，只是间接佐

1　弗洛伊德：《陀思妥耶夫斯基与弑父者》（Dostoïevski et le parricide），《结果、想法、问题 II》（Résultats, idées, problèmes II），巴黎，法国大学出版社，1985 年，第 178 页。
2　同前，第 179 页。

证了性的满足或是负罪感引发的痛苦。赌徒不只是一个挥霍者,更是轮盘赌的痴迷者,就像别的什么人痴迷于窥淫或露阴、头发或鞋子等一样。斯蒂芬·茨威格的短篇小说的确容易作这样的解读,因为它没有讲述一个赌徒的一天,而是一个女人生命中的二十四小时,她在丧偶第二年为了打发时间,想起了丈夫曾对手相这种通过手掌纹理来解读生命的技术很感兴趣。于是她在赌场中仔细观察那些赌徒们的手。是她扮演了叙述者的角色,而不像陀思妥耶夫斯基的小说、卡萨诺瓦的回忆录和维维恩的话语,都是挥霍者本人向听众讲述。这的确是关于这个女人的生活的,弗洛伊德会指出,毫不奇怪,一个寡妇会把对亡夫的爱转移给儿子,小说中这位年轻的波兰人就是儿子的化身。

避免失望

与此同时,茨威格还是杰出的临床工作者,他悄悄地引导赌徒去证实自己那种激情的起源。这的确事关挥霍。当然,这个起源并不那么显眼:不过是在叔叔赌马赢钱之后,"他们一起去一家高档餐厅吃饭"[1]。叔叔并不是一个立刻把钱藏起来的阿巴贡或尤克利翁,也不是用来做点投机的萨卡德。他并不急于把钞票换成牢固而有用的资产,而是把这个年轻人带到一个地方。在一个已经习惯于苍蝇馆子和粗糙食物的年轻学生眼里,这个地方异常优雅,毫无疑问也奢侈豪华。正是在这个插曲后的第二天,他收到了父亲寄来奖励他考试成绩的钱,他发现这钱过于微薄,不值一提。这钱没法让

---

1 斯蒂芬·茨威格:《一个女人的二十四小时》,第 864—865 页。

人激情燃烧，他感到很失望。

不过，挥霍者想要避免失望。他不是一个小俄狄浦斯，因不能与母亲发生性关系而感到失望，他会创造一些场景来实现。他寻求满足的是儿童的那种普遍的不满，那种无论几岁断奶都会感受到的不满，儿童力比多的贪婪是如此巨大。让我们重温陀思妥耶夫斯基在那封信中所作的解释，他说他已经知道诀窍，如何避免损失；让我们听听他的主角如何惺惺作态地保证：万一财富被挥霍一空，他还会成功扳回；让我们记住茨威格文中那个年轻的波兰人，他把那个想要救他的女人给打发掉，只是因为他在轮盘赌桌上找到了一位笨拙的俄罗斯老将军，他认为这个人能给他带来好运。对所有这些人来说，赢，是应该的；输，不是命运的打击，甚至也不是某种不公，而只是一个错误。

当然，并非所有赌徒都是挥霍者。就像巴布林卡奶奶，有些人只是想要从中获利。就算他们偶尔陷入赌博，也知道收手并处理自己的损失。同样，并非所有的挥霍者，因为他们很富有就一定是赌徒；但是，他们每个人都以某种特定的方式使用货币。他们从财物交换和提供服务、货款或报酬中得到钱，有时令人失望；可他们希望钱是取之不尽、总是令人满意的。这就是他们不断要核对的，核对（钱是否取之不尽）是一种无休止的任务，一种与现实冲突的不可能的任务。于是，赌场的筹码和赌盘，继承的股份或债券都变成了想象的、梦中的、天赐的货币，一种我们也能分发给世界和诸神的货币。我收到了一切，我也能给出一切，有什么比挥霍它更能确定这一点呢？

第四章 贪婪

"我一无所有，我什么都要。"那些被贪欲主宰命运的人这样宣告，他们是挥霍者的镜像。至少，这就是我们的想象。

食人之爱

贪婪之欲，人皆提防。与吞食的欲望相匹配的是，对被吞噬的害怕总是潜伏于我们自身。但是基督教圣贤们将之变成了一宗罪。十二世纪末一位未来的教皇说，"把天性变成了手段……来满足贪婪，而不是提供必要之需"[1]，这是贪食之人的本性。无论是出于贪吃还是无节制地寻求滋味，它都是所有罪恶之母，因为贪食者通过嘴这扇身体之门，把魔鬼摄入了身体。至于精神分析家们，则更倾向于相信魔鬼本来就在我们每个人身上，把贪婪看作所有主体建构中的一个基本要素。最初的爱，即口欲阶段的爱，就是食人性质

---

1 英诺森三世（Innocent III）：《人类状况的不幸》（*De la misère de la condition humaine*），转引自卡尔拉·卡萨格兰德、希尔瓦娜·韦基奥《中世纪资本罪恶史》，第 193 页。

的。婴儿吞食爱的客体，这种往体内的摄入成为未来所有认同的原型。弗洛伊德早就告诉过我们："正如我们所知，食人族仍然存在。他爱他的敌人，以至要吞食他们，而不会吞食那些他爱不起来的人。"[1]虽然说我们已经压抑、升华或转化了原始的贪婪，但是对那些食人族我们还是要警惕，尤其是如果他们爱上了我们。我们是随着他人的靠近而害怕其贪婪的，这时我们能将自己认同于他人，因为这个人让我们想起了自己摄入体内的第一个客体，那个因爱我们而为我们所爱的人。

从弗洛伊德和基督教的观点（弗洛伊德不会不重提领圣体仪式的食人维度，尽管教会的神父们指出这应该不是贪食）来看，这跟金钱没什么关系。爱是买不到的，付钱去领圣体是买卖圣物罪，食人性质的吞食却是神圣的，尽管在弗洛伊德眼中，这种吞食也可以进入俗世的风俗中。他跟他的朋友玛丽·波拿巴公主解释说："在现代生活中，我们不会为了吃人肉而杀一个人，这当然很有道理，但是，不吃人肉而只吃动物肉却没有任何理由。"[2]好吧，美杜莎之筏的所有幸存者都可以证明这一点。[3]但是谁会拿人肉去卖呢？巴托洛梅·德·拉斯卡萨斯[4]在一篇文章中抨击并谴责了西班牙人

1　弗洛伊德：《群体心理学与自我的分析》（*Psychologie des foules et analyse du moi*），见《精神分析文集》，巴黎，帕约（Payot）出版社，1981年，第168页。

2　弗洛伊德：1932年4月30日给玛丽·波拿巴的信，见欧内斯特·琼斯（Ernest Jones），《西格蒙·弗洛伊德的生活及著作》（*La Vie et l'œuvre de Sigmund Freud*）第三卷，巴黎，法国大学出版社，1969年，第511页。

3　美杜莎之筏（Les radeaux de la Méduse），指1816年从法国开往塞内加尔的巡洋舰美杜莎号发生海难以及食人事件的惨案；1819年法国画家席里柯（Théodore Géricault）据此创作了一幅绘画《美杜莎之筏》，现收藏于巴黎卢浮宫。译者注。

4　巴托洛梅·德·拉斯卡萨斯（Bartolomé de Las Casas，1474—1566）：《西印度毁灭述略》（*Brève relation de la destruction des Indes*），1598年。

在征服新世界期间对印第安人所犯下的暴行，西奥多·德·布里[1]为这篇文章所作的那些版画引起了恐慌，因为我们在版画上可以看到征服者们掌握着一个人类屠宰场，就像一个普普通通的动物屠宰场一样，只不过里面的摊位上摆着的是一块块的人肉。

"钱能买到一切吗？"六岁女孩艾乐薇尔并不知道这才是她提出的问题。我接待她的时候，她的父母正在进行艰难的分手，她是他们争执的关键，她很担忧，入睡困难，变得爱挑剔，动不动就哭。事情就是这个样子。当我在第一次访谈中单独接待艾乐薇尔的父母时，这就是他们向我解释的情况。由于有必要做咨询的并不总是孩子，所以通常我的做法是在工作开始时，最好先听听那个或那些提出咨询请求的人说什么。

分　歧

他们很年轻就认识了，当时两人都在大学里学习经济学，并且活跃在同一个学生社团中。他们住在一起，随即结婚，然后有了一个独生女。如果两人在我们所谓的事业发展的态度上没有分歧的话，这会是一条最经典的道路。艾乐薇尔的父亲投身于很赚钱的金融行业，随时准备着将他的技能提供给出价最高的人，而她的母亲则离开了经济学领域，在一个帮助困难国家的非政府组织工作。虽然我略有夸张，但是我们在此面对的确实是各有立场的两个人。特别是在第一次会谈中，我感到这个男人和这个女人都在努力克服他们之间的纠纷，尽力扮演着好父母的角色。能感受到一种克制的暴

1　西奥多·德·布里（Theodor De Bry，1528—1598），比利时版画家。译者注。

力，嗅到一丝隐约的愤怒。只是这些在我面前都被忍住了。因为担心女儿，他们都尽力避免发作。当我问他们是否曾经当着艾乐薇尔的面争吵时——以此表明我并没有完全被他们的文明言辞所愚弄，同时放松一下访谈的气氛——他俩保证说这些绝对不会在她面前发生。他们认为，女儿对父母之间的矛盾一无所知。我向他们明确表达，让她对这件事情有所了解并非毫无好处。当父母具体说明他们分歧的原因时，孩子才不会觉得自己要为他们的分手负责；更确切地说，就算孩子依然还这么想，但这也只是停留在幻想的领域内。

几天之后，我接待了艾乐薇尔。我不知道她的父母有没有跟她讲在意识层面上他们为何争吵，但这个孩子是安静、微笑和友好的。她的衣着很整洁，明显是个爱漂亮的小女孩。当她走进分析室时，我心想她为何要到这里来。如果她是想表明一切都很好，那她做到了。而且她向我解释说，现在她不再哭泣，也睡得很好。她把发生的一切都归咎于她在学校里跟一个朋友的争吵，这个朋友夺走了她的好朋友，但是现在所有人都和解了。只有一件事，就是有一次——也许不止一次——她做了一场噩梦，吓坏了。她梦到自己有被吞噬掉的危险。她不知道那究竟是什么，也许是一张大嘴巴。我还没有提问，她就拿起一支铅笔，画了一个庞然大物，有一个长着血盆大口、锋利牙齿的脑袋，一个在她看来让人害怕的形象。这是一个令人吃惊的形象，强有力地传达了她的讯息，包括了她要告诉我的信息。她不再是那个可爱的小姑娘，而是一个跟我分享对吞噬和贪婪感到恐惧的孩子。在对这幅画的讨论中，我只是跟她提到了这个形象带来的害怕。我们把这个怪物放进一个文件袋里，我是这么跟她解释的，会谈中用作画画写写的那些纸张会装在文件袋里。我还不知道的是，被关在文件袋中的那张血盆大口将会独自待在里面，而且由于它不吃文件袋的壳，所以它将永远都不会出来。也许这就是艾乐薇尔对其未来的预想：把令她害怕的事情关起来。在这次会谈之后，学校放假了，她要在三个星期后才能回来再做两次会谈。

在此期间，我分别会见了她的父亲和母亲。他们的话比第一次会谈时少得多。艾乐薇尔的父亲把妻子看作一个被宠坏的孩子，一个狭隘的理想主义者，身边都是一些对现实一无所知、被意识形态蒙蔽了双眼的愚蠢信徒。如果没有像他这样的金融家来让世界运转，那将会饿殍遍野。这并不妨碍他认为自己的伴侣是一位出色的母亲，只不过她对金钱的态度受到了一些以前学生会里的老同学的影响，那些人的立场越来越激进。

艾乐薇尔的母亲对她未来的前夫同样充满敌意。他变成一个只以赚钱为职业的银行家，他失去了现实感，同时还有他们共同的朋友。他的生活只剩下交易，随时盯着股票的价格，关注那些涨涨跌跌——分析家避免去解释其中的性的隐喻。她认不出他来了，觉得他只要有利可图就能把任何东西拿去交易。她害怕他的贪婪，不想让女儿受到影响。她自己不仅在非政府组织工作，还在他们居住的城镇里参与创建一种当地货币，以这种方法来重新找到可以传递给艾乐薇尔的真正价值观。

忘掉吃人怪兽

我既不是经济学家，也不是道德学家，更不是政治学家。我以小女孩吐露的东西来衡量这个女人的话。艾乐薇尔的噩梦被母亲的话语维持着，这种噩梦在这个情感波动的年龄段很常见，其中暗含着负罪感和想象的谋杀。对母亲来说，她的丈夫只是一个贪图钱财的人。父亲的贪财唤起了对吞噬的恐惧。食人幻想存在于所有孩子的心中——我们还记得食人魔的故事，这种幻想具身在她父亲的所谓贪图金钱上面。我记不清这一点是怎么在这几次会谈过程中传达出来的。往往不需要太多话，甚至有时候只要一点简单的倾听，幻想和现实就得以解开。分析实践需要有一个框架，但是并不提供任何可复制的操作指南。所以我不能准确地解释艾乐薇尔是如何把吃人的怪兽关起来的。因为在与儿童进行的精神分析实践中，牵涉到的是允许遗忘、允许被压抑、允许被铭刻在无意识记忆中——这里涉及的是同类相食，并使其有可能升华：吞食知识总比吞食同类要好。

在会谈中，艾乐薇尔找到了令她害怕的东西，然后通过与她母亲所担心的贪婪相联系，她得以摆脱自己的恐惧。与此同时，她的父母开始了离婚程序。他们很快就分居的财务条款和女儿的监护权达成了协议，这部分是因为在那几次会谈中，他们区分了想象的建构（一个金融家食人魔面对一个轻飘飘的天使）和真实的情况（生活观点不再一致的一对父母）。这个孩子不再害怕贪婪。正是在现实中，她需要去处理父母与金钱之间还未改变的神经症性质的关系。

今天我才想到了艾乐薇尔的母亲致力于创建当地货币的隐情。她展开这场冒险是为了向女儿提供一种不同的金钱和交易关系的形象。当她对丈夫的贪婪感到害怕时，就把自己的技能放到了发明一种平行货币上。无论导致每个人这样去做的原因是什么，我们都能理解，所谓当地货币是建立在怀疑之上的，而官方货币，即一个或多个国家所使用的官方货币，则建立在信任之上。通过这种共同的信任，货币成为一种登录在当代社会最深处的机制，实现了我们对一个互通群体的归属，其力度堪比语言。[1]

---

1 参见米歇尔·阿格列塔、安德烈·奥尔良：《暴力与信任之间的货币》，第293页。

萝卜、桃子和沙丁鱼

现在我们知道钱以什么形式出现[1]，也意识到这些"当地货币"并不是货币。它们无法支持货币的三个主要功能中的任何一个：自由的权利（向所有人支付一切），储存的价值（能存起来而不失去其价值）和记账的单位（价格和成本的计量单位）。当地货币所使用的钞票，在命名上通常带有对某种当地物产的怀旧（图卢兹市的紫罗兰、康卡诺市的沙丁鱼、阿尔萨斯某个村庄的萝卜、蒙特勒县的桃子……），其价值相当于当前流通的货币（在法国是欧元），只能在特定的区域内（通常以县为界）与接受它们的商人和企业进行交换，所以只有几百个人在使用。因此，这些纸片并不具有法定货币的流通性，法定货币可以在全国范围内不受约束地进行交换。当地货币的价值由法定货币来决定，只是这些当地货币不能长期积攒储存，但这正是这些当地货币的一个主要功能：不能为阿巴贡们所用。正是出于这个原因，跟法定货币相比，这些交易手段的保值能力很随机，所以保存它们毫无意义，此外它们的价值还常常缩水：人们在创建当地货币时就确定了，其票面价值会随着时间的推移而下降（大约从每月下降1%到每半年下降2%不等，各地区不一样）。

这种做法的明确目的是振兴当地经济。它的出发点是不信任任何一种通过银行而用于投机的货币。当地货币的目的是保护自己免于贪婪。当地货币所表现出来的作用很简单。如果我们用欧元支付给一位卖家，他就会把钱存入银行，而银行的形象是一个穿了孔的桶，上面那些漏洞的名字叫作"投机、避税天堂、全球化、疯狂金

1　参见第一章。

融"；而如果卖家收到的是当地货币，他就会在本地使用，而不会通过一家金融中介。[1] 银行的血盆大口不再被喂食。这反映了发起人的理想是回到易货贸易，他们认为货币是银行的一种工具，并且工具的使用走上了邪路，但是他们从未考虑货币的发明意味着符号的飞跃。

使用这种伪货币的经济效果在当地是积极的，就像一些商业公司或航空公司提供的积分奖励一样。即使我们搞不清，一家位于蒙特勒县的杂货店如何购买非本地生产的桃子，而无须使用欧元也就是银行，但这还是在一个封闭的空间中建立起了一种贸易流通，而无须各种金融机构参与，并且他们借此克服了所谓的贪婪。

领主的贪婪

许多经济学家强调，在中世纪早期的货币倒退（这是罗马帝国终结的后果）之后，贸易的发展和货币的重新使用使人们摆脱封建领主的束缚。现代历史学家们调整了这一说法。[2] 大量不同的硬币，来自各式各样的作坊，多达一千五百种，很难让人相信是严格按照地区来管理的。奥洛伊是墨洛温王朝[3] 的国王达戈贝的司库，他考

1　参见 www.montreuilentransition.fr。

2　参见《法国历史》（*Histoire de France*）丛书（巴黎，Belin 出版社，乔尔·科内特 [Joel Cornette] 主编）：热纳维芙·布勒-蒂埃里（Geneviève Bührer-Thierry）、查尔斯·梅里欧（Charles Mériaux）：《法国之前的法兰西》（*La France avant la France*），第481—888 页；弗洛里安·马泽（Florian Mazel）：《封建主义》（*Féodalités*），第888—1180 页；让-克里斯朵夫·卡萨尔德（Jean-Christophe Cassard）：《卡佩王朝的黄金时代》（*L'Âge d'or des Capétiens*），第1180—1328 页。

3　墨洛温王朝（Les Mérovingiens，481—751），法兰克王国的第一个王朝，疆域相当于现代法国的大部分地区与德国西部，后被加洛林王朝取代。译者注。

虑将每枚硬币的含金量减半，以此来调整硬币的价值、适应当地的交易。7世纪末，白银在货币的发行中取代了黄金，促进了贸易的发展。8世纪，矮子丕平[1]引入了铸币，并一直使用到法国大革命。他发行的银币（denier）含有1.3克白银，240枚银币相当于1古斤（livre），而1古斤又值20苏（sou）。加洛林王朝的经济并不是封闭的，也不是建立在易货贸易的基础之上。乡村的货币化正在进行中。然而，皇家货币并非处处通行无阻。封建社会本身就意味着有多个领主或主教的货币流通，只是各自的流通区域有时很有限。货币标志着权力的现实。有一些货币会上升为区域货币，这是与其发行人的权力相称的。如果看看12世纪末法兰西王国的地图，我们就会在上面发现一些货币大区——巴黎区、维恩区、图尔区等，各区内使用的银币价值差别很大。与图尔区银币相比，昂热区银币的价值要高上4倍，图勒区的银币值0.7个图尔银币，而亚眠区的银币值1.2个。

"领主们贪恋新钱，他们到处鼓励把年贡替换成金钱"[2]，他们希望到期的佃租以现金而不是实物的形式支付。在研究中世纪封建社会的历史学家笔下，我们又看到了贪婪——今天的当地货币使用者们力图避免的贪婪。作为地方货币，古今的源头都是一样的。全球化并不是今天才有，只是世界的尺寸变大了。中世纪的领主们需要这些新钱，因为这可以充实他们的金库，让他们能够参与商业交易，并买到来自远方的物产。臣民再用领主的货币来购买物产，这些货币在自己的领土上被强制使用，在邻国就用不了，从而困住

---

1 矮子丕平（Pépin le Bref，714—768），又称丕平三世，是公元751—768年在位的法兰克国王，是加洛林王朝的创建者。译者注。
2 弗洛里安·马泽：《封建主义》，第512页。

了货币的使用者们。正是领主们才拥有方法去计算与其他银币的比价并进行兑换，他们才是货币的主人，而那些生活在其领土上的人，是当地银币的囚犯，无法从事对外贸易。

显然，以上说法非常简略，但能让人理解：为什么 13 世纪时圣路易[1] 所制定的皇家货币（它保证能在各个地方自由流通）有助于解放封建束缚。然而悖论是，那些 21 世纪的当地货币使用者再次依赖于类似的关系。他们通过放弃所用货币的普遍性，将自己置于某位公爵、伯爵或主教的从属地位，他们只能在图卢兹使用雷蒙丁银币，或者如果他们依附于著名的克吕尼修道院，就使用克吕尼银币。为了保护自己免受令人畏惧的金融贪婪的侵蚀，他们主动关闭了区域的大门（而在中世纪，正是贪求新钱的领主强加了这道藩篱）。他们把对外贸易让给别人来打理，因此关于对外贸易，不再由他们来决定买什么、从哪儿买、与谁进行交易，而且在区域内的交易中，他们就像那些领主的臣民一样，不得不亲身前往村里的铁匠铺、修车铺、磨坊或面包店。

食人魔的胃口

> 他左闻闻右嗅嗅，说闻到了新鲜的肉。……
> "我闻到了新鲜的肉体，我跟你再说一遍。"食

---

1 圣路易（Saint Louis）指 13 世纪时法国的君王路易九世（Louis IX，1214—1270），被认为是中世纪欧洲的君王典范。译者注。

人魔斜眼看着他的妻子重复说道。[1]

　　精神分析家们保证说，我们或多或少都会害怕食人魔的贪婪，因为我们自己也曾经是食人的婴儿。被吞噬的威胁是一种想象，它在古代或现代的故事或神话中流传着。尤利西斯与独眼巨人、亨塞尔与格莱特、狼与羔羊，同样还有傻大猫与崔弟，或者格格巫与蓝精灵。我们还知道夏尔·佩罗在 17 世纪末大饥荒时期所写的《小拇指的故事》，可能我们不大会想到，这个故事在很大程度上事关金钱，即俚语中的新鲜（la fraîche）。小拇指一共兄弟七个，他们的父母是穷苦的伐木工人，因为没法养活孩子们而把他们遗弃在森林里，幸亏小拇指一路撒下的小石子儿，他们找到了回家的路。他们的父亲和母亲，因为意外地从老爷那儿得到早已不作指望的 10 埃居而突然变得有钱，狼吞虎咽地吃下了比食量多三倍的肉。吃饱喝足之后，他们开始担心起儿子们，就在这时七兄弟回来了。然而，重逢的喜悦只持续到用完埃居的那一刻。一旦花完了这些钱，他们又把孩子们遗弃在森林深处。由于没能捡到小石头，这一次小拇指在途中撒下了一些面包屑来指路，可这样做没有考虑到贪吃的鸟儿，鸟儿们把所有的面包屑都吃光了。孩子们迷失在黑夜里，狼群嗅迹而来要吃掉他们，它们的嗥叫把孩子们吓得魂飞魄散。小拇指看到了一盏灯，但是在灯光的指引下，他们来到的却是一个更可怕的贪婪之处：他们走进了食人魔的屋子。食人魔的妻子给他们东西吃，把他们藏起来，但食人魔闻到了新鲜肉的香气，发现了他们，对于如此的美味兴高采烈，打算跟他的三个朋友一起大快朵颐。

1　夏尔·佩罗（Charles Perrault）：《小拇指的故事》（Le Petit Poucet），《童话集》（Contes），巴黎，口袋（Pocket）出版社，2006 年，第 205 页。

后来的故事我们都知道。妻子给食人魔填喂了更多食物：一头小牛，三只羊，还有半头猪。他喝得比平时更多，在没杀掉七个男孩之前就睡着了。男孩们被带到食人魔七个女儿的房间，里面有一些床等着他们，跟女孩们睡觉的床很像。半夜时分，小拇指用他和兄弟们头上的帽子交换了食人魔女儿们戴的金冠。醒来的食人魔被换过的帽子给欺骗了，割破了自己孩子的喉咙，之后又回去接着睡觉。七个男孩逃走了。第二天早上，食人魔才发现这可怕的一幕，于是穿上他的七里靴去追赶小拇指和他的兄弟们。他翻山越岭却没有找到他们，而且还疲惫不堪——穿着这样的靴子走路让人精疲力竭，于是就在孩子们藏身的岩石上睡着了。然后，小拇指偷走了他的靴子，这双神奇的靴子可以随着穿鞋人的脚的尺寸而变化。

小拇指金融家

小时候，我对食人魔的惨败感到欣喜，而没有注意到故事的两种结局……要不然就是没人给我讲过。第一种结局是小拇指再次回到食人魔的屋子，拿走了食人魔的金银财宝。他谎称是那些囚禁了食人魔的强盗索要赎金。他穿着魔靴，证明他说的是实话：食人魔把靴子托付给他，以此来表明他没有撒谎。"于是，小拇指带着食人魔的全部财富，回到了父亲的家，大家满怀喜悦地迎接了他。"[1]
在第二种结尾中，小拇指没去管食人魔，而是用靴子的神力来为国王服务，迅速地把一场远方战役的胜利消息传达给了国王。多亏了七里靴，这个男孩成了一个酬劳颇丰的信使，把命令火速地传达给

1　同前，第213页。

军队，或者把爱人的消息带给无数的女性。"……积累了许多的财富之后，他回到了父亲的家。……让全家过上了舒适的生活，为父亲和兄弟们买了职位，就这样把他们全都安置妥当。"[1]与此同时还保留着国王的青睐。

《小拇指的故事》出版于 1697 年，路易十四统治的晚期，是夏尔·佩罗所写的最后的故事。作者在国家财政管理部门工作，科尔伯特（Colbert，路易十四的财政大臣）在 1683 年去世之前一直是他的密友，对于某些特权阶级的贪财、百年一遇的饥荒、国王的穷兵黩武、宫廷的浅薄轻浮，他了如指掌。他得到过恩宠，也经受过耻辱。他的那些故事就像是给狂热年轻人的讽刺性建议。如果他建议年轻女孩们不要像睡美人一样，去等上一百年才发现性的愉悦，那么，他也建议那些聪明善良的年轻女孩要提防那些甜言蜜语的狼，因为小红帽一旦进门上床脱了衣服，就会被生吞活剥，根本没有逃脱的希望。

所以说，小拇指的冒险故事是向我们解释：如何在有钱大老爷和贪吃怪物们的地盘上致富。美丽闪亮并不能保护自己免遭大人物们的贪婪吞食。与其试图防范，不如运用计谋来为自己谋利益，而不是像七个男孩的可怜父母一样，被他们自己的贪婪牵着鼻子走，没有东西填饱肚子的时候才发现自己一无所有。小拇指分得清贪财与贪得无厌（后者无法控制），也分得清有些场合是有可能进行交易的，而另一些场合根本不容符号存在。他从鸟儿的饥饿中吸取了教训，鸟儿饿起来会吃掉本是路标的面包屑。因此，与狼的贪欲相比（因为狼是贪得无厌的，他对之束手无策），他更倾向于对付食人魔的贪欲（他认为和食人魔还是可以谈判的）。第一条规则：避

1　同前，第 215 页。

开那种既没有言语又没有交易的贪婪，也就是抢劫。根据某些人的说法，这是独占他人财产的最初阶段，发生在易货贸易阶段之前。[1]

小拇指明白，食人魔的贪婪并不是因为饥饿，而是出于贪吃和威望。他拥有足够的羊、小牛和猪来填饱肚子！对一个女儿头戴公主皇冠的食人魔来说，小孩子是一道要与朋友们分享的美味佳肴，是国王餐桌上的点缀。这不是饿肚子时的迫切要求，不是一种需要，而是欲望，欲望的实现是可以推迟的。小拇指利用这段悬置的时间将男孩和女孩对调了。即便这是在怪物不知情的情况下完成的，也算得上一桩成功的易货。因为我们知道，易货需要了解对方的欲望。[2]于是有了第二条规则：猜中贪婪者的欲望才能够建立易货，从而把他带进自身欲望的陷阱。

故事的两个结局

现在，这个小英雄已经能保住自己免于消失，保护自己不被吞噬进贪婪者的身体里，但他还必须在这个财富、交易、货币的世界中占据自己的位置。为此，夏尔·佩罗提出了两个选择。两个选择都使用了魔靴——食人魔的神奇宝藏。粗略来讲，这两种选择对应着我们在爱弥尔·左拉的《金钱》中读到的内容。[3]一种是以各种可能的方式利用别人的财富，就像布希一样，把手伸向别人家的宝石，这个人家多少是因为他而破产的，这是出于嫉妒。另一种是利

---

1 参见伊拉娜·赖斯-希梅尔（Ilana Reiss-Schimmel）：《精神分析与金钱》（*La Psychanalyse et l'argent*），巴黎，Odile Jacob 出版社，1993 年。

2 参见第一章。

3 同前。

用富人的工具，就像萨卡德用钱来赚钱，这是出于嫉羡。最后一条规则：无论是被嫉羡还是嫉妒的力量所引导，要想富有，就得从利用他们的财富或者从使用他们的工具开始，这是撬动成功的杠杆。

让我们从精神分析家的角度说得更深入一点，不要只纠缠在家族珠宝和我们所穿鞋子的性的符号意义上，这一点任何一个弗洛伊德主义的信奉者都会注意到。嫉妒令我们垂涎别人的服饰和珠宝、或者想穿别人的靴子，它导致的是获取别人的外表，变得像他。这是身份认同的想象的一面，是弗洛伊德所说的原初认同即通过吞食所达成的认同所留下的痕迹。因此，在佩罗的第一个结局中，小拇指变成了食人魔。他穿上食人魔的靴子，不是为了利用靴子的力量，而是要掩盖现实，让他好像是以食人魔的名义在说话。他非常贪婪地占有了食人魔的财物，还很高兴地带回了家。一个人可以通过让自己变得贪婪来保护自己免受贪婪的吞噬。我们还停留在认同与易货的想象当中。

夏尔·佩罗在成为科尔伯特的得力助手之前，曾在自己的兄弟皮埃尔、巴黎国库总务的手下工作过一段时间，但他并不满足于就此止步——虽说现状也不错，但对他这么一个积极参与那个年代的经济现实的人，这样还不够。因此他故事的主人公，是一个深思熟虑的企业家，使用了一直都被忽视或者不为人知的策略。七里靴让小拇指发了大财，就像在左拉的时代，铁路让银行家们发了财一样。他拒绝了食人魔的贪婪，从身份认同和对易货的想象性寻找中走了出来。他进入了交易，用他的才能和敏捷来换取金钱。但他并未止步于此。他不只是积聚钱财，而是用这些收入购买职位，这就像今天的金融家们在做的事：靠风险来牟利。正是因为这样，皮埃尔·佩罗所获得的国库总务的职责还包括要担保税收能顺利征收入库，他也会因此按一定比例获得所征款项的一部分：在此我们又看到了诺言的交易。[1]

对金钱的兴趣

"到了成熟的年纪……对金钱的兴趣就会显露出来,就好像一种儿童之前从未有过的新生事物。"我们知道,对弗洛伊德来说,这种兴趣接替了对排便的兴趣。"在古代文明中,在神话、故事、迷信、无意识思想、梦和神经症中,金钱与排泄物有着密切的关系。"[2]没错,但别忘了对弗洛伊德而言,因此也对大多数精神分析家而言,金钱与黄金并无区别,货币相当于累积的财物。肛门阶段从身体排出的东西,接替了口腔阶段进入身体的东西,对排出的关注接替了对摄入的关注。但是,我们仍然停留在想象性的领域中,想象着一个人身上进入或排出了什么东西;食人行为在便秘中找到了其对应物;食人魔留住了他的财富。

小拇指的故事可以从这样一个角度去理解——第一个结局盗取食人魔的宝藏是为了夺回被他吞下的东西。然而第二个结局事关金钱而不仅是财物,让人超越了这种解释,走出童话并走近心理真实。

从一开始,小拇指就明白了可以信赖的标记(标记道路的小石头)和必须提防的贪食(吃掉面包屑的鸟的贪食)之间的区别。然而,是第二个结局让这个故事成为一则走向成年期的真实寓言。事

---

1 参见第二章。

2 弗洛伊德:《性格与肛欲》,见《神经症、精神病与倒错》(*Névrose, psychose et perversion*),巴黎,法国大学出版社,1973,第147—148页。

实上，成熟的年纪是指这样的年纪：那时，交易的符号性一步一步地优先于易货的想象性；那时，对贪婪的恐惧被放在了一边；那时，接受和赠予不再仅仅是爱或不爱的证明。我们不能把自己局限于弗洛伊德式的判定，即金钱接替了粪便。正如我们所看到的那样，有了货币，就产生了符号性的飞跃。夏尔·佩罗意识到了这一断裂。事实上，食人魔会吃小孩，但这并不是他们买来的，而是他们抢来的。尽管弗洛伊德认为食人冲动有理由存在，但我们还不至于去卖人肉。

商户的票据

人肉交易的禁令正是莎士比亚的《威尼斯商人》情节的核心。商人安东尼奥是一名船东，全副身家都投资在远洋航行的船只上，但是为了让他身无分文的朋友巴萨尼奥能追求富有的鲍西娅，他从犹太人夏洛克那里借了三千金币，夏洛克要求以安东尼奥身上的一磅肉作为担保。已签署的票据（债券）——这个术语在金融领域仍然通用——具有法律效力。威尼斯城是票据的担保人。推翻它将会损害这个城市的商业声誉。因为得不到船队的消息，安东尼奥无法偿还借款，被迫要眼睁睁看着夏洛克从他身上切下一磅肉。但只能是肉，而且刚刚好是一磅；哪怕一小滴的血液，或者超过一磅一丝一毫，夏洛克都会被判有罪。对基督徒们来说，好人有好报。犹太人放弃交易并皈依了基督教，他的财产被没收，给了他那位嫁给外邦人的女儿；安东尼奥的船队回到了港口，巴萨尼奥则与鲍西娅有情人终成眷属。

这部剧写于 1596 年，传递了当时的基督教对于犹太教的观念。

也在同一年，还出现了一位弗拉芒伦理学家文集的英文译本，在其中人们也找到了同样的情节，就是一个犹太人要求别人用一磅人肉来支付，这样的奇谈流传了两个多世纪。在不少作品里，我们都能发现莎士比亚所描述的人物形象，或者一些对《威尼斯商人》的故事核心进行的延伸性思考。马洛[1]的《马耳他岛的犹太人》于1589年上演，该剧讲述了主人公的女儿对一位基督徒的爱。弗朗西斯·培根于1625年出版了《论高利贷》。他在书中解释说，禁止高利贷是一种空想，这意味着为高利贷制定规章并使其脱离犹太人的专营。莎士比亚作品的整个场景，除一些细节而外，都取自14世纪末的一部短篇小说，于1558年在米兰出版的乔瓦尼·菲奥伦蒂诺[2]的《傻瓜》。[3]虽然角色的名字不一样，但是安东尼奥与夏洛克的财务纠纷、巴萨尼奥和鲍西娅的爱情矛盾，这一双重困境以几乎相同的方式串起了整个情节，只不过在意大利版本中，爱情故事优先于金钱交易。

"你的欲望就像狼一样，嗜血、饥饿、贪婪。"[4]莎士比亚戏剧的观众能够猜到，早在佩罗的故事一个世纪前，安东尼奥就是一个小拇指，是金融食人魔的贪婪的受害者。

我们可以借助亚里士多德的观念来理解《威尼斯商人》的剧情，亚里士多德将获取有用财富的自然手段与不合理的货殖学两者对立起来，在不合理的货殖学中，通过高利贷、攫取利润、获取垄断的

1　克里斯托弗·马洛（Christopher Marlowe，1564—1593），英国诗人、剧作家。译者注。

2　乔瓦尼·菲奥伦蒂诺（Giovanni Fiorentino），14世纪意大利作家，著有短篇故事集《傻瓜》（*Il Pecorone*）。译者注。

3　参见莎士比亚《威尼斯商人》（*Le Marchand de Venise*）中吉赛尔·韦尔内（Gisèle Vernet）的注解，巴黎，伽利玛出版社，《七星文库》，2013年。

4　莎士比亚：《威尼斯商人》第四幕第三场，第1177页。

可能性等方式,货币使得无限致富成为可能。[1]安东尼奥是一个船东,他满足于为威尼斯人的生活提供必要的货物。我们不知道他是用别的货物还是用金钱来换取这些东西,但他的活动属于易货贸易。他没法借给巴萨尼奥三千金币,这表明他既不是银行家,也不是金融家,他不是以钱为生的。他不同于夏洛克,他根据基督教的戒律,借钱不收利息,甚至都不期待着朋友在归还贵金属时表示感谢。贪婪跟他扯不上关系。因此,他入场时表现出来的忧郁也绝不是海上贸易的不确定性带来的。莎士比亚还告诉我们,安东尼奥不像他的谈判对手那样,他的谈判对手面对同样的风险会备感焦虑,在吹冷蔬菜汤时,都会想到能带来海难的风暴。而安东尼奥对他的生意并不担心,也不难过,他不会把生活的气息跟他船队的运气结合起来。他不会混同"所是"与"所有"[2]。可是,原初认同的贪婪如果不是这样一种混同,那它到底又能是什么呢?!将你之"所是"吸收进我的身体,从而成为我之"所是"。

金融家的獠牙

"如果我是一条狗,你得小心我的獠牙。"[3]夏洛克玩味着"所是"与"所有"之间、食人魔与金融家之间的模糊不清。对他来说,安东尼奥是什么样的人和他所拥有的东西之间没有区别。从第一次交易开始,这一点就是模糊不清的。这个文字游戏在英语和法语中

---

1 参见亚里士多德:《政治学》第一卷第三至十一章,此处为第二章。

2 "所是"与"所有",原文是 l'être et l'avoir,这一句也可以翻译为:他不会混同"存在"与"财产"。译者注。

3 莎士比亚:《威尼斯商人》第三幕第二场,第 1151 页。

是一样的："安东尼奥是一个好人。……当我说他是个好人时，我是想让你明白他是有偿付能力的……"[1] 夏洛克明确说道。好人（法语 l'homme de bien，英语 good man）就是拥有财产（法语 des biens，英语 goods）的人。当他的女儿带着家里的财宝跟一个威尼斯年轻人出逃时，他把一切都混为一谈，哭诉道："我的女儿！噢我的金币！噢我的女儿！"[2] 更不用说，他还坚称当时看到了"我的肉、我的血，都起来硬抗我！"[3]。如果开一个黄色玩笑，他可以被当成一个老坏蛋，这么一把年纪了，他的血肉家伙还能硬得起来！我们别忘了弗洛伊德的公式，黄金等于儿童、等于阴茎……[4]

当然，夏洛克身上有一些阿巴贡的色彩，他让仆人忍饥挨饿，失去一颗价值两千金币的钻石比失去女儿还要感到绝望。从定义上讲，贪婪的人都吝啬；但是反过来，并非所有的吝啬鬼都贪婪。显然，我们能想到：一个阿巴贡或者尤克利翁是会拒绝用三千、六千、三万，甚至六万金币去换一磅只够喂鱼的人肉的。吝啬鬼信任货币：通过流通，它成为生命的血液，占有它就得到了力量。拥有金钱对他来说是必须的。而另一方面，贪婪的人则把钱吞下去，他就是金钱。贪婪之人处于符号之外，这使得食人魔、高利贷者、金融家们获得了一种想象中的无所不能。夏洛克令人恐惧，因为他"所是"与他"所有"是混为一体的。他已经超出了吝啬。对金钱的信任使得主体之间的交换成为可能，就像一门语言，但是夏洛克并不想要话语。他对坚持要那一磅肉不做任何辩解，对安东尼奥根深蒂固的

1　同前，第一幕第三场，第 1051 页。

2　同前，第二幕第八场，第 1107 页。

3　同前，第三幕第一场，第 1121 页。

4　参见第一章；以及弗洛伊德：《精神分析新论》（*Nouvelles suites des leçons d'introduction à la psychanalyse*），《弗洛伊德全集 / 精神分析·19》，第 183—184 页。

仇恨和厌恶就已足够。我们不会去问一头狼，它为什么要吃羊。

如今的观众们在看《威尼斯商人》的时候，会忘记在那个年代，人可能是别人的一个战利品。1594年，在这部剧本创作之前的两年，一名英国船长将一整船的奴隶卖到了威尼斯，[1]而我们前面提到的揭露西班牙征服者屠杀买卖人类的版画创作于1598年。在亚里士多德的作品中，自然奴役理论被纳入他对经济和货币的思考中。"奴隶本身是一种会活动的财产，每一个为他人服务的人都像是一种工具……如果梭子能自己织布，拨片能自己弹琴，那么工头们就不再需要工人，主人们也不再需要奴隶。"[2]一个工厂主为什么要砸碎他的机器，或者一位音乐家为什么弄坏他用来演奏乐器的工具，这根本无关紧要。夏洛克为什么非要那一磅肉，也不重要。而且这当中还有一件让我们无法忍受的事，他混淆了不同的登录范畴（registres），他假装忘掉了安东尼奥是一个生命，而只把他当作一个物品。公爵请求夏洛克放弃主张，夏洛克就假装天真地提到威尼斯城，它也没有赦免它的奴隶们。他不仅提了问，还给出了回答："您会回答我说：'可这些奴隶是我们的呀。'那么我会同样回答您，这磅肉……花了很多钱才买到，它可是我的呀。"[3]

货币的用途

钱能买到一切吗？这就是贪婪所提出的疑问。艾乐薇尔会问，

1　参见莎士比亚：《威尼斯商人》注释，第1445页。
2　亚里士多德：《政治学》第一章第四节，第35页。
3　莎士比亚：《威尼斯商人》第四幕第一场，第1173页。

我父亲能买到我吗？法庭上的辩论阻止了夏洛克；基督教信仰在对征服者的野心进行鼓励之后又对其加以限制；好的经济学会保护希腊的奴隶们；使用当地伪货币能让人觉得有了一个防御之物；但是对贪婪的恐惧、对吞噬和食人魔的记忆，是铭刻在每个人心中的。被压抑之物、食人性质的口欲仍然在运作。

我们认为，在经济学家所界定的货币三大功能中，储备功能对吝啬鬼来说至关重要，他们的珠宝箱得保住价值。货币能够衡量物品价值、作为记账单位的用途，对于什么也不买的赌徒则完全派不上场。贪婪者则会质疑货币的流动性，质疑它自由支付的力量，这种力量可以支付一切贸易，而不同于需要对方同意的易货贸易。对贪婪的恐惧，是担心一切都可以买到。除此之外，莎士比亚也没给我们说什么别的。一磅人肉可以偿还一笔债务。只需在合同中加入一两项条款，给交易留出一点余地——一磅肉误差在百分之十之内，肉中可以带有血，这样交易就能实现。

但还是存在不能进行交易的东西——友谊、爱情、荣誉，这些东西成了很多自然主义小说的主题，在小说中，充斥着一些虚假的朋友和爱上有钱而年迈丈夫的年轻妻子；在小说中，钞票可以解决事关荣誉的罪行，勋章可以花钱买来……这些可能是精神分析家所关心的，但经济学家肯定会说自己毫不在意。因为"经济人"只关心用于交换的财物明细表。当然，明细表会随时间和地点而有所变化，范围也有些模糊。如今不再有奴隶，但酒精和性交易还在合法与非法之间摇摆不定。贪婪的人，是不会只按规定行事的人，对他们而言一切都可以是买卖的对象。除了自己的欲望而外，他没有别的法则，但这是一种无限的欲望，被理解为一种无法抑制的需要。金融食人魔的神话让"经济人"无所适从。金钱成为权力的工具，有了它，贪吃的食人族可以开一个"人肉商店"。

交易之外

我们的文化禁止用人体的一部分进行交易，即使其目的是医疗移植，这让某些自由派经济学家感到遗憾，因为他们认为这样的市场可以挽救生命。他们的论点也没有错，只是这种做法可能会制造出一些食人魔来。人可能会跟其他财物并无二致，进入可以用货币获得的那个体系里。在这种情况下，对贪婪的恐惧就成了挽救生命的障碍。

2012 年，诺贝尔经济学奖被授予劳埃德·沙普利（Lloyd Shapley）和阿尔文·罗斯（Alvin Roth）这两位美国人，他们是使用数学工具的博弈论专家。前者在 20 世纪 60 年代发布了能够提供最佳匹配的盖尔-沙普利算法（algorithme de Gale-Shapley）。举个例子，假如有一百名女性和同样数量的男性，这个算法可以根据每一个人所设定的标准，匹配出尽可能合适的伴侣。事实上，通过使用这一算法，把每一位参与者的要求都考虑在内，能得出来的状况就是：修改任何一对伴侣，都不可能在增加某个男人或女人的满意度的同时而不降低另一个男人或女人的满意度。显然，这样一种处理婚配问题的方式，如果得到认真对待，将会把我们完全带入"美丽新世界"。由此，我们衡量了经济人的理论性实体与精神分析意义上的主体之间的差距，前者是独立的、自主的，并完美掌控着他的欲望法则；后者，无论他是否在分析家那里做过咨询，都认为满意度的测量毫无意义，对他们来说，经历爱的悲伤是一种建构性的体验。[1]

给自己所没有的

与此同时，经济学家们的工作产生了一些副产品，就是在不经意间发明了爱的证据。阿尔文·罗斯继续沙普利的研究，将该算法应用于各种情况，比如医院医生的最佳分配，并在 2007 年提出了所谓的 repugnant market——令人厌恶的市场，这里特指人体器官市场，尤其是肾脏，其交易哪怕在自由经济中都是被禁止的。[2]于是，他想到了不使用货币的可能性。出发点非常简单。一个男人的妻子患病了，需要肾脏移植，他准备捐一个肾给她，但是，他所捐赠的肾脏与妻子的不相匹配，他不是一个合适的捐赠者。应该还有别的夫妇也处于同样的情况，他们当中会有捐赠者的肾脏与此人的妻子相匹配。因此，进行交换就可以了。在描述这种做法的各种经济学论文中，最开始情况总是相同，都有一个具有骑士精神的情况：一个男人为他的爱人捐出一个救命的肾脏。当然，很明显，在所有的亲密爱人之间，这都有可能发生。最终，如果有一系列的捐助者和接受者一起参与，这种做法就会更有效。就这样，最近在美国，人们运用该算法组织起一个六十人的链条，成功进行了三十次移植，挽救了三十个人的生命。

1　参见阿道司·赫胥黎：《美丽新世界》（*Brave New World*），巴黎，口袋丛书（Livre de Poche），1962 年；米歇尔·阿格列塔、安德烈·奥尔良：《暴力与信任之间的货币》，第 20—22 页；帕特里克·阿夫纳拉：《爱的忧愁》（*Les Chagrins d'amour*），巴黎，瑟伊出版社，2012 年。

2　参见阿尔文·罗斯（Alvin Roth）的博客：www.marketdesigner.blogspot.co.uk。

"爱，就是给予自己所没有的东西。"[1]拉康的著名观点在这里似乎显得颇为贴切。但是要注意，给予我们自己所没有的东西，可不是把自己买的东西献给对方，而是把属于另一个人的东西——我在这个人身上找到的救命的器官，给予对方。爱，不属于交易、经济及其算法的登录范畴。给予我们所没有的东西，在这里就是给予生命。因此，在这一献礼的背后，隐藏着大他者的面目。这个面目与货币无关，无论它是真是假；也与贪婪无关，无论它是真实还是想象。在这一点上，经济学家的辞说遇到了界限，而分析家的话语驻留。大他者并不贪婪，即使有时候我们只是梦想它是这样。

1　参见雅克·拉康：《第五个研讨班：无意识的形成》（Le Séminaire, livre V），巴黎，瑟伊出版社，1988年，第210、253、384页。

第五章　慷慨的浪子[1]

大多数当代经济学家都忠实于所谓的新古典主义理论，这种理论尤其借助于数学工具，在当今占据着主导地位，他们对于人有一种奇怪的表述。这个人在经济交往中是一个自主的存在，完全独立于他人的目光，毫无嫉妒或嫉羡，明智又理性，掌控着自己的欲望。他唯一的期待就是个人的福祉。[2]从这个角度出发，语言只用于交换实用信息，而货币也仅仅是为易货提供便利。精神分析的理论虽然不太一致且还在变化当中，但至少有一个长处，就是把人类的欲望这一永远无解的谜题放在其思考的中心，而且分析家们并没有将理论看得太重，也没有成为盲目的追随者。只要人处于市场中，当他出售、购买、囤积或浪费时，他就既不独立，也不理性。

1　原文 Prodigue，作名词意为挥霍者、浪子；作形容词意为挥霍的、浪费的、慷慨的、不吝惜的；结合本书所指，并与第三章的燃烧的挥霍者（flambeur）相区分，此处翻译为慷慨的浪子。译者注。

2　关于这些内容请参见《暴力与信任之间的货币》；安德烈·奥尔良：《价值的帝国》（*L'Empire de la valeur*），《重建经济》（*Refonder l'économie*），巴黎，Points 出版社，2013 年。

财产价值之谜

我们可以认为，经济学视角和精神分析视角所涉及的对象不同。这里说的经济学是微观经济学，它研究的对象是个人与企业、消费与生产。它与宏观经济学不同，后者的研究对象是大型实体、各个国家，以及一些重大事件，比如政权更替或石油危机等重大经济波动，更确切地说，这属于弗洛伊德所说的群体心理学[1]。精神分析适用的对象是一个一个的独立主体。可是，一门社会科学，如果不考虑人类欲望的特殊性，它还能是一门社会科学吗？一种分析，如果仅将语言单纯视为符号的交换，它还能是一种群体的分析吗？

因此，从一种纯经济学的角度来看，财产价值的谜团是在所有言语之外解决的。在所谓的古典经济学中，决定每一件东西价值的，是生产所需的劳动量；在当代新古典主义理论中，则是东西的有用性和稀缺性，即它的可用数量。每一次都是财物本身的质量决定着它们的价值，不受任何互动影响，不受买卖双方之间交流的话语影响。在自由经济当中，亚当·斯密提出了"看不见的手"，里昂·瓦尔拉斯[2]虚构出"市场秘书"，这些假设的提出都是为了描述一种支配性的力量，这一力量使得市场得到调节，价值得到稳定，人类交易世界也因此获得了严密协调。当前的梦想是借助数学和计算机科学，给这些身份赋予实质的内容，找到规范市场的法则并运用它们，目的是避免危机和灾难，或者是从中获得最大的好处。最终，

---

1 参见弗洛伊德：《群体心理学与自我分析》，《弗洛伊德全集／精神分析·16》；以及维维恩·列维-加尔布亚（Vivien Lévy-Garboua）、杰拉尔德·马雷克（Gérard Maarek）：《宏观精神分析，无意识的经济学》，巴黎，法国大学出版社，2007 年。
2 里昂·瓦尔拉斯（Léon Walras，1834—1910），法国经济学家，开创了一般均衡理论。译者注。

大他者被赶走，上帝被具身化。

不过，像裙子的尺寸或太阳的活动这样的指数似乎也能显得非常有效。那为何不试试占星术呢？如果每个人都在土星进入双子座时买进，在火星进入双鱼座时卖出，那么这个模型也将显示出预测价值。[1] 因此，承诺的实现就跟分享某种导致群体行动的信仰有关；如果这种情况没有发生，就不可能有什么预测。事实上，有一项研究表明，随机选择股票的权重来组成一个投资组合，即"黑猩猩组合"，其结果并不亚于专业金融家们深思熟虑之后作出的选择。[2] 就这样，黑猩猩似乎打败了那些经理人。当然了，这种说法很有些夸张讽刺的意味。资产管理是有实际效果的，我的理财顾问说得不无道理。不过，能干的管理者肯定不会只是用一些复杂的计算来改进"自动机器"——纯粹的巧合，而是从拥有知识的主体的位置出发，有能力寻求不期而遇的好运，在欲望未被排除的地方与之相遇。

然而，刚刚开始相信经济学的精神分析家立刻就吃惊于人类过错造成的金融灾难。彻头彻尾的诈骗，公开或隐蔽的串通，某些金融从业者的携款潜逃，随后都成了报刊的头条新闻。人们突然发现，令货币运行的神秘经济机制似乎操纵在一些人的手里。我们谈论着监管的漏洞、防控的不足。从弗洛伊德开始，精神分析家就知道欲望对付超我的伎俩，他们见识过道德机制的堤坝被淹没的时刻。要建造一座抵御太平洋的堤坝，无论如何都是不可能的。而且，无论向证券交易人、经理、银行家们提供多么丰厚的报酬来预防他们将手伸向钱柜，他们的欲望（并不能被单纯看作是对财富的渴求）是

---

1 皮埃尔-诺埃·吉罗：《诺言的交易》，第 129 页。

2 参见杰罗姆·波里耶（Jérôme Porier）：《当"黑猩猩"打败管理人》（Quand les "chimpanzés" battent les gérants），《世界报》（Le Monde），2013 年 4 月 23 日。

不会被扼杀的。他们仍然是一些普通的男男女女。吸引父亲的注意，让母亲骄傲，和姐妹们算账，跟兄弟们争强……金融家的无意识欲望怎么会不同于其他人呢？儿童游戏时发生的故事，在我们每一个人身上还起着作用。银行家和证券交易人也可能失控，因为我们与货币的关系不能简单归结为购买必不可少的财物所需要的金额，同样，我们愿意为每样东西所付的货币价值并不仅仅取决于其有用性和稀缺性。

一位可敬之人

多兰特是一个值得尊敬也受人尊敬的人，大约 45 岁，经营着一家成功的企业。他不是那种大众想象中会去精神分析家那里做分析的人，因为精神分析的实践有时显得神乎其神，而某些分析家也乐于让自己显得神乎其神，乐于来访者把自己当成新的先知。尽管多兰特在生活中已经功成名就，他还是再次造访了精神分析家的工作室，因为他也记得他 25 岁时的一段治疗以及其解脱性效果。当时他谈到了母亲的死亡，她在他很小的时候就去世了。正是在这第一次分析尝试之后，他打定主意在某个领域开展事业，然后跟现在仍然是他的妻子的女人订了婚。但是他今天告诉我，即使那时，他也一直都在放纵自己。这足以让某些从业者害怕得发抖，对他们来说，咨询会谈需要尽可能快地处于标准化的形式之下，但是其治疗效果与精神分析的可靠性并不相容。多兰特并不比大多数分析家更关心这个问题，他现在想要的与其说是解决某个问题，还不如说是找个地方来表达他的感受与不解，跟一个可以倾听他难以名状的不适的人会面，并通过向分析家言说来搞清楚并治疗这种不适。他的科学训练和企业家生涯令他能以非常务实的方式明确表达自己的要求。他补充说，近二十年前接待他的分析家是一位女性，现在他想跟一位男性重新开始。也许这是要从一位消失的母亲过渡到一位活着的父亲。我听出来这事关性别的差异，不过这可能是父亲和母亲，也可能是男性和女性，或者是别的什么。

很快，多兰特就发现他的不适跟他没法说"不"有关。这在一开始就显露出来了，见过两三次之后，我向他提议下一次会谈的时间，他接受了，但是与此同时他就在思考自己如何做到，因为那一天他会在国外出差。可是，现在早已不是弗洛伊德还在维也纳的那个年代，当时的精神分析就像温泉疗法一样是短期的，就几个月，节奏紧张，必须每天一次会谈；我们也不再处于20世纪中叶，当时的精神分析变长了许多，每周三次，固定时间，那个年代的大部分精神分析工作都是这样做的。精神分析的临床处于它所在的时代。在如今的生活和工作条件下，把一种单一模式强加给所有人已不再可行，哪怕它能适合某些人。正是多兰特本人把我的提议当成了一种命令。

弹性和机智 [1]

"我就当时的技术提出的建议大多是负面的。……但这样我所得到的是，听从者们没有记住这些提醒的弹性，而是像对待具有不

1　机智，原文为 tact，也作触感、分寸、轻重、得体、妥善等。译者注。

可更改力量的药方一样去遵循。"[1]弗洛伊德在给他不安分的门徒桑多尔·费伦奇的信中写道，当时费伦齐刚刚发表了一篇颇具争议的文章《精神分析技术的弹性》。在文中他提倡要机智。"在分析中最有害的不是别的，而是一种学校导师般的或权威医生般的态度。"[2]这位精神分析家对于解释的陈述——解释是提议而不是断言——也可以扩展到一些琐事之上，比如会谈费用的支付和预约的时间等。机智首先是要让分析得以进行，无论是对飞行员、周游世界的顾问，还是演员、工作繁忙的医务人员，以及所有那些职业活动并非朝九晚五一成不变的人。正是在这个意义上，我能把多兰特的尴尬理解为他没有能力拒绝，而不是一种与分析技术的对立。

机智也是要衡量阻抗，确保阻抗不会妨碍治疗的开展。就这一点而言，初期会谈至关重要，尤其是谈到会谈价格的时候。太高可能阻碍分析继续下去，过低则表示分析被赋予的价值太少。

　　医生，如果你能帮到我，我就把所有的财富都送给你。

　　每次会谈三十克朗就够了。医生回答。

　　这是不是有点太多了？病人的反应出人意料。[3]

桑多尔·费伦奇从这段看似玩笑的简短对话开始，着重指出了

1　弗洛伊德：1928 年 1 月 4 日给桑多尔·费伦齐（Sándor Ferenczi）的信，见《弗洛伊德与费伦齐通信集：1920 至 1933 年》第三卷，巴黎，Calmann-Lévy 出版社，2000 年，第 370 页。

2　桑多尔·费伦齐：《精神分析技术的弹性》（Élasticité de la technique psy-chanalytique），《全集》第四卷，巴黎，帕约出版社，1982 年，第 59 页。

3　同前，第 58 页；我将原文改成了对话。

在意识上的同意和隐藏的不满、无意识的仇恨、不信任或质疑之间是有距离的。我们还可以加上财富与实在货币之间的根本区别——财富是尊贵的钱，其来源已被遗忘。这是卡萨诺瓦提及的两种形式的金钱，即夸富宴的钱和交易使用的钱[1]，一种服务于威望、名誉和光荣，另一种则被用来以合理价格获取有用之物。即使费伦奇在1928年将治疗的主角命名为"医生与病人"，但精神分析实践并不能保证其疗效，虽然它的确是治疗性的，或者更准确地说，疗效取决于分析来访者。如果来访者在有意识的同意之上还能承受自己对无视其阻抗之人的恨，如果他能克服对这种奇怪临床实践的怀疑，并且不顾移情的变幻莫测还依然保持对分析家的信心，那么分析对他就应该是有用的。

会谈的价格

就这样，精神分析实践模糊了那些区分两种货币形式的参照。会谈的价格不能被简单归结为支付给某项服务的报酬，这种服务报酬可以根据服务的有用性（治疗的质量）和稀缺性（例如与分析家的名气有关）来确定一个公平的价格。但是，所支付的金钱，也不是为了获得无法估量的声望而进行的无限的捐赠。两个极端就此相遇。某种在美国进行的精神分析活动（相当长的一段时间内，在美国只有医生才能说自己是精神分析家，这跟弗洛伊德的要求背道而驰），属于严格意义上的治疗。而法国有其特殊性，每个人都可能听说过一个关于雅克·拉康的趣闻，说他要别人留下一张空白支票，

---

1 参见第三章。

或在他办公室门口的罐子里留下一大笔钱，这使得收到的钱不可能是一份公平的报酬，因为在他的沉默陪伴下度过的三五分钟不可估价。流传着的许多故事让一些人就此宣称，自己也有着一个大人物的名望。

对于会谈的价格，谨慎考虑这两种立场无疑是很可贵的。这要由分析家来衡量。和大多数人一样，在实践中我并不是一个医生，肩负着治疗并治愈的使命，但是分析的治疗性维度也没有被忘记。我更不是一个天才，甚至都不是那位天才的灵感守护者——在此我能看到我的分析家同行们对我报以同情的赞同——作为成为先知的代价，他的各种理论或被人称颂，或被人嘲笑。要求一个有钱的咨询者付更高的费用，能让分析被庄严地登录在声望中，就像那些 19 世纪的著名交际花一样：莉安娜·德·普吉（Liane de Pougy）、艾米莉安·达朗松（Émilienne d'Alençon）、克蕾欧·德·梅罗德（Cléo de Mérode）或者布兰奇·德·拉帕爱娃（Blanche de la Païva）。这些女人让情人们破了产，但却是一场奢华的破产，是为了荣耀而付出的代价。相反，如果说对弗洛伊德而言，接受免费治疗对分析家的经济影响就好比一场严重的事故 [1]，那么我们还可以指出，一位健康的分析家提出这样的建议，则是把他的病人变成知心朋友。因为其他人要带钱来，而他不用付钱，他带来的是快乐——是治疗师的快乐。

---

[1] 参见弗洛伊德：《治疗的开始》，第 91 页。

保持框架中立

我跟多兰特谈好了费用，通常精神分析家们的收费相当于专科医生的平均收费，因为这是最为接近的职业。确定会谈时间的时候也考虑到多兰特在来不了的情况下可以更改。"通常""相当于"，这些用词很难让分析家们满意，他们往往会高估其工作的不同寻常，夸大这些会谈的不可言喻。然而，在根据数个临床经验提炼而成的多兰特的故事中，我认识到，在某些治疗即将开始的时候，保持会谈框架的中立是多么重要，尤其在金钱方面。

漫画家迭戈·阿拉内加在给一篇关于"有毒性格"的报刊文章配图时，略带恶意地描绘了一位精神分析家，他对躺在躺椅上的女来访者说："三周之后你会想跟我上床，这是正常的，是移情的一部分，可现在的问题是三周之后我会去滑雪……所以我们得马上就这么做……"于是这个被讽刺的分析家就起身俯向那位胸部丰满的女病人……[1] 然而，一个精神分析家知道要避开漫画中的情况，避开诱惑的陷阱，除非他是一个冒牌货。他深知付诸行动[2]的糟糕影响："场景已完全改变，一切的发生就好像一场喜剧突然被一个真实的事件打断了，就好像在戏剧表演过程中突然发生了火灾。"[3] 他会遵循弗洛伊德关于精神分析技术的建议，他会保护自己的工作室免遭火灾。他的情感关系和浪漫关系会在别处进行，与来访的分

1　迭戈·阿拉内加（Diego Aranega），画作见于《新观察家》（*Le Nouvel Observateur*），2013 年 12 月 5 日，总第 2561 期，第 118 页。
2　付诸行动（passage à l'acte），精神分析术语，通常指分析来访者不能在工作室里表述他们的感受，而在工作室外以行为的形式表现出来。译者注。
3　弗洛伊德：《移情之爱的观察》（Observations sur l'amour de transfert），《精神分析技术》，巴黎，法国大学出版社，1970 年，第 119 页。

析者之外的其他男男女女上演；他不需要自己的分析来访者们来充当这样的角色。

说到钱的问题，情况就不一样了。早晚会有那么一刻，它会被卷入移情性的苦恼中。它承载着乌戈林的怀疑与信任、爱慕与怨恨，它体会到维维恩对被遗弃的恐惧，它让人能理解艾乐薇尔被吞食的幻想。[1]然而，它从一开始就在场，甚至出现在治疗的动力之前。它从一开始就是分析家与分析来访者之间交换的唯一客体。他们所用的那些硬币和纸币，标志着他们共同信任同一种货币（不一定就是他们所在国家的货币，第一次世界大战后，弗洛伊德就更倾向于使用美元）。对于这笔钱，分析家不仅不能像拒绝诱惑一样拒绝它，而且还需要靠它来生活——只要精神分析是他的职业活动。弗洛伊德提醒说，病人们的爱对分析家的情感生活是毫无帮助的。如果他接受了，那就掉入了圈套，一个被分析形势所决定的圈套，它与分析家有什么个人优点无关，他也根本不必为自己的魅力而洋洋得意！反过来，病人们的钱对他来说则必不可少。

令人失望的收费

为什么一个分析家就不能跟随自己的欲望，对露出来的胸罩花边或者须后水的香味动感情呢？为什么他不能被高额的收费所引诱呢？当会谈展开时，保持会谈空间的中立，就在于要把这些最初的欲望放到第二位来处理。不要陷入那些美丽曲线或者迷人气息的诱惑，也不要被大额的钞票所引诱。在两种情况下都考虑考虑，在这

1　参见本书第二、三、四章。

里起作用的并不是分析家的价值，他不需要为这样得来的爱情感到洋洋自得，也不必为这样获得的财富而沾沾自喜。不言而喻，我拒绝了这样或那样的吸引，但是我也完全有必要接受会谈的付费。这样做能够确保钱不会马上被视为一种诱惑的因素。在向多兰特说明收费的时候，我感到他有一丝转瞬即逝的失望，虽说我不记得具体是什么形式，也许是一声语气顺从的"好吧"。后来我明白了原因：毫无疑问，引起这种反应的与其说是收费的金额——太低，而不是过高——还不如说是他对金钱的评估标准。

多兰特的到来是为了弄清楚他的不适，质询他没有弄明白的东西，他对无意识欲望的怀疑。这个男人，他的活动处在经济世界领域中，却要去见一位对他来说处于另一个世界的精神分析家。然而，当这位分析家提出要做一些会谈时，会谈的价格似乎就要被最纯粹的新古典主义经济学所决定。根据被假设的有用性和被想象的稀缺性，按照一种类似于其他专业问诊的供求规律，会谈的价值找到了一个平衡点。的确有理由感到扫兴。我们期待着一个巫师——我们知道，一般而言，江湖郎中和别的一些行医者都会建议求治者随心意支付报酬，但是实际上见到的这个人却是一个"经济人"。精神分析的悖论是非常弗洛伊德的悖论，一个过着极端传统生活的人却为了革新而发明了一种实践。但是在此，这一疗法原创者的悖论，让多兰特得以揭示出他跟金钱的关系，即他的慷慨。

不过，多兰特并没有浪费他的财产，其开支在各方面都没有过度。说他慷慨，那是指在某些情况下如此。对于自己脚上鞋子的价格或伴侣穿着的花费，他不屑于关心；他可以在商务宴请上慷慨解囊，点一瓶年份不错的波尔多葡萄酒来佐餐；也可以为得到一件很想拥有的物品支付任何金额。他收集了许多藏品：邮票、瓷器、古玩、动物造型的青铜器，目前则热衷于 18 世纪的绘画作品。

过渡空间

　　"First not me possession"，第一个"非我"的占有物。[1]不记得是在治疗的哪个时刻，多兰特的慷慨很明显地让我想到了精神分析家唐纳德·温尼科特所说的"过渡现象"（phénomènes transitionnels）。这些现象如今已广为人知，它解释了为什么许多孩子都有毛绒玩具。精神分析的观察是：当婴儿来到这个世界时，他不会区分内部与外部。"乳房是我的一部分，我就是乳房。只是在后来才变成了：我拥有它，也就是说我并不是它……"[2]弗洛伊德注意到。但温尼科特指出，在生命的第一年，在"是"和"有"这两者之间，一个足够好的母亲使构建第三个空间即过渡空间成为可能。她回应孩子的要求，而不是无所不在，她猜到在哪些时刻自己可以缺席，她允许幻想的存在。孩子会选择床单的一角，一个毛绒玩具，一块织物，或者任何一个东西，但通常是柔软和蓬松的。他吮吸它，用它来抚摸自己，它变得不可替代，这就是过渡客体，毛绒玩具嘟嘟（doudou）。它不是婴儿身体的一部分，但婴儿尚未完全认识到它属于外部现实。它位于一个没有争执的空间，之后会成为文化、艺术、创造性发明的空间。"我引入'过渡客体'和'过渡现象'的说法，来描述位于拇指和毛绒熊中间的那个经验

1　唐纳德·温尼科特（Donald W. Winnicott）：《过渡客体和过渡现象：关于第一个"非我"之物的研究》（Objets transitionnels et phénomènes transitionnels. Une étude de la première possession non-moi），《从儿科到精神分析》（De la pédiatrie à la psychanalyse），巴黎，帕约出版社，1971年，第109—125页。
2　弗洛伊德：《结果、想法、问题Ⅱ》，第287页。

区……也是位于对债务的原初无知和对这一债务的承认之间的经验区（说：谢谢！）。"[1]

原初的无知是根本就没有债务：我属于我自己，如果乳房是我的一部分，那我还欠谁什么东西呢？承认债务，是理解他人是在我之外。他为我所做的一切，对此我心有所欠，对此我心怀感激。但是，在完全无价的东西和可以衡量成本即所花的时间（或者精神分析家们会说投资）之间有一个中间地带。在这个地带里的东西，其价值难以衡量。

两只长颈鹿

多兰特讲述了一件他并不记得，但却属于家族逸事的事件——逸事就是从某个元素出发虚构出一个共同的辞说，建立起一个群体。多兰特有一个大他两岁的姐姐，他出生的时候，母亲的一个朋友无疑是为了避免嫉妒，送给姐弟俩一人一个毛绒长颈鹿，他确定地说，这是个漂亮的东西，柔软光滑，可爱有趣，因为他还记得这个东西。在姐姐那儿，长颈鹿被放在了房间里的众多玩具中。而在他这儿（出于什么神秘的原因？）长颈鹿则成了他的嘟嘟，他跟它一起睡觉，一刻也不分开，扔它，抓住它，偶尔吮吸一下，揉它的脸，走到哪儿带到哪儿。他还记得自己给它起了个名字叫"雅雅"。另外，他在还没完全学会说话之前管姐姐叫"咪咪"，这应该是别人让他记住的。有一天，他的父母找不到他的长颈鹿了——我们都知道失去嘟嘟可能酿成的悲剧。他们试图把姐姐的长颈鹿给他。计

1　唐纳德·温尼科特：《从儿科到精神分析》，第110页。

谋没有成功。"雅雅、咪咪"，一岁大的小男孩坚定地念叨，表达这玩意不是他的嘟嘟，而是他姐姐的毛绒玩具。这个词在这个家庭中变得人尽皆知，无疑相当于一种屏幕记忆，也就是在提醒某个事实看起来微不足道，含义却要深远得多。[1]

　　因此，一个人在商店里按标价买了两个一模一样的物品。即使我们不知道礼物的价格，也很容易跟其他毛绒玩具做个比较而猜个大概。所用材料的质地、做工的精细、新颖独特之处等，令这长颈鹿在儿童房的物品中属于高档的那一类。多兰特姐姐的长颈鹿有一个明确的价值，可以通过一个网站毫无困难地将这个刚收到的新品转售，虽然当时还不时兴这么做。有一些孩子长大后会把已经用不上的旧玩具在跳蚤市场上转卖。但是他们会卖掉自己的嘟嘟吗？多兰特肯定不会。有一些物品的价值是无法衡量的。被送给婴儿的长颈鹿并没有进入客体的世界、财产的世界、承认债务的世界。它变成一种独一无二、不可替代的东西，在我自身之外的第一件占有物，同时还携带着一种它在我内部的错觉。嘟嘟是一个既没有生命却又活生生的东西。我们知道小孩们如何通过摆布它、让它跳来跳去，来赋予它有生命的错觉。它的香味，新的时候是中性的，逐渐带上了自身的气息；不仅仅是婴儿身体的气味，也是随着时间的推移它所获得的自己的芬芳。最常见的情况是，它的质地就好像皮肤，它的柔软就好像身体。无论被制作成什么模样，过渡客体都是无法从经济上衡量的无价之宝，它不属于交换的世界。

　　这时多兰特才告诉我，他母亲在他两岁的时候去世了。在初期访谈过程中，他向我提到这桩在他生命早期的去世事件；但他当时

1　参见弗洛伊德：《关于屏幕记忆》（Sur les souvenirs-écrans），见《神经症、精神病与倒错》。

没有具体说日期，我也没有问他，无疑这是反移情的游戏。这个问题在于我不要一步步踩在他前任分析师的脚印上，因为他在第一次分析中已经反复谈及这桩他生命早期的丧失。而如今，在治疗的动力中他又做了宣告。这个宣告进入了一种幻想性的建构，解释了曾由家庭言语所携带的对长颈鹿的记忆，现在由多兰特以自己的名义接了过来。他的母亲在他一岁的时候已经生了病，有时在他身边但无疑很疲惫，有时则住在医院里。她请另一个女人去帮助她，代替她照顾孩子们。这人是她姐夫的妹妹。这位刚毕业的年轻护士还没结婚，辞掉了她的第一份工作来为这个家庭服务。起先只是来工作，然后与孩子们的父亲有了关系，这是常有的情况，先是偷偷的然后得到了承认，于是，在多兰特的母亲去世三年之后，她几乎自然而然地成了孩子们的继母，既没有冲突也没有矛盾。

在他叙述这些幼年往事的那段时间里，在一次会谈中，他提到了这个会成为他继母的人的到来，我指出"姐妹"[1]这个词在他的话语中再三出现。他抓住我的干预构建了一个幻想，在他的幻想中，那只（与他自己的姐妹分享的）长颈鹿正是由这个（身为母亲远房姐妹的）女人送的。她从一开始就篡夺了他母亲的位置，他对嘟嘟的依恋就见证了这一点。毫不奇怪，他成了一个非常看重物品真伪的收藏家：这些东西就是嘟嘟，它们代表着真正的母亲，他从未停止寻找她。

有些时候，精神分析家必须提防精神分析、警惕他知识的无所不能，特别是当一个分析来访者在陈述时，他所讲述的内容太过于契合理论的预期。有些个案当中有着和父亲或者母亲有性行为的记忆，对此尤其要保持谨慎，这些记忆往往无法证实，而分析家对此

---

1 法语中 sœur 如未加说明，既可以指姐姐也可以指妹妹，是同一个词。译者注。

的解释可以给人一种真实的假象，有时甚至以牺牲显而易见的事实为代价。但是在此，我们是处在另外一个登录范畴里，尽管多兰特的话语同样也可被理解为是在表达着他取悦分析家的欲望。在这类情况下，我们可能觉得它太过完美而不像真的。重要的是不能忘记我们在此处理的是精神的现实，是幻想的现实，是精神分析的现实，它并不理会那些在物质现实世界（即历史学家的世界）中所经历的事件。小说并不是传记。

交际花们（Demi-mondaines）

"一本书，精装的，侧面烫金，书名是《曼侬·莱斯科》。扉页上面写了点儿东西，起价十法郎。"

"十二。"相当长的一段沉默之后有人说道。

"十五。"我说。

为什么呢？我不知道。无疑是为了这句"写了点儿东西"吧。……

"三十。"第一个竞拍者又说。……

"六十。"

"一百。"……

我肯定让这一幕的旁观者们浮想联翩，无疑在寻思我是出于什么目的，来这儿花一百法郎买一本随处可见、只值十法郎最多十五法郎的书。[1]

1　亚历山大·小仲马（Alexandre Dumas fils）：《茶花女》，巴黎，伽利玛出版社，Folio 丛书，1975 年，第 34—35 页，原文有下划线。

从《茶花女》一开篇，我们就处于慷慨——赋予某些物品不可能的价值——这个问题的核心。叙述者不是故事的主角，他去竞拍茶花女玛格丽特·戈蒂埃——一位他只知其名的半上流社会的交际花的遗物。他得到了一本《曼侬·莱斯科》，扉页的题词来自某个叫阿尔芒·杜瓦尔的人。这个叫阿尔芒的人后来找到了这位叙述者，他就把这本书送给阿尔芒，他们建立了友谊。阿尔芒讲述了他的故事，成为这部小说的第二叙述者，另外我们还知道这部小说是作者亚历山大·小仲马，跟红颜薄命的交际花玛丽·杜普莱斯（Marie Duplessis）的爱情自传。这本书出版于玛丽去世一年后的 1848 年，立即大获成功。小仲马声称他一个月内就写完了，当时他重读了普雷沃神父的书《曼侬·莱斯科》，它令他想起了自己的故事。并不是只有在精神分析中，故事才在现实和幻想之间流传。之后作者又借此创作了一部剧本；威尔第也根据它写了一部歌剧《茶花女》；电影导演们，据此拍了近二十部电影。在阿贝尔·冈斯的影片中，伊冯娜·普兰当（Yvonne Printemps）扮演过茶花女，还有乔治·库克片中的葛丽泰·嘉宝，鲍罗尼尼片中的伊莎贝尔·于佩尔（Isabelle Huppert），安东尼奥尼则拍摄了一部《没有茶花的女人》。[1]

金钱为《茶花女》以及《曼侬·莱斯科》的剧情打上了标记。这两个故事的情节是一样的。一个并不富有的年轻人，带着少许的财产和家庭的期望，一见钟情地爱上了一个声誉堪忧的年轻女子。

---

1 阿贝尔·冈斯（Abel Gance）：《茶花女》（*La Dame aux camélias*），1934 年；乔治·库克（George Cukor）：《玛格丽特·戈蒂埃的故事》（*Le Roman de Marguerite Gautier*），1935 年；莫洛·鲍罗尼尼（Mauro Bolognini）：《茶花女》（*La Dame aux camélias*），1980 年；米开朗基罗·安东尼奥尼（Michelangelo Antonioni）：《没有茶花的女人》（*La Dame sans camélias*），1953 年。

19 世纪的阿尔芒·杜瓦尔和 1716 年的骑士德·格里奥，把他们的经历告诉一个讲故事的人，后者把故事转录为小说。这两本书有着相同的结构：故事的主角向一个亲切而忠实的听众倾诉——精神分析家们对此不会感到陌生。其实在故事中，着墨于爱情的地方很少，而着墨于金钱的地方很多。阿尔芒和骑士虽然并不富有，却大手大脚地花着法郎、金路易和皮斯托尔[1]，以满足他们心上人的奢侈欲望。他们各自的父亲都想方设法，用上他们那个时代能用的手段，竭力加以阻拦。杜瓦尔先生说服了玛格丽特放过他的儿子，德·格里奥先生还用上了密诏和入狱，然后是流放。相遇与分离、浪漫的团聚与嫉妒的场景构成了两本小说的诸多曲折。主角们时而处于感情和财富的富足当中，时而又在担忧着欺骗和没有金子的明天。普雷沃神父的小说中，有几桩谋杀、绑架、决斗、不可思议的逃脱，带着大仲马式的惊心动魄，但是它也像小仲马的作品一样，充满了道德寓意。这一寓意尤其跟金钱相关，行为准则应该是：提防铺张奢侈最为重要。然而，这两部作品主要讲的都是什么让这个行为准则没法得到遵守。大家都知道，相爱之时不屑于算计，不管爱的客体是什么；但在这里，不管是衣食无忧的年轻人还是新手骑士，所爱之人都不是那么体面。

落难时指望不上她

17 岁的骑士德·格里奥和 16 岁的曼侬·莱斯科，在亚眠修道院的门前碰到了对方，就像真正的罗密欧与朱丽叶一样。他的目标

1　皮斯托尔（pistole），法国古币名。译者注。

是进入马耳他骑士团，决心要过简朴而清苦的日子；而她则是被送到修道院来戒掉享乐的习性。他是个贵族，她则出身平凡。"她想知道我是谁，这份了解增添了她的情感。"[1]骑士吐露道。爱情令他们相伴逃往巴黎。然而，到达目的地之前，在圣丹尼斯（Saint-Denis）一家旅馆的房间里，他们无视教会的律令，私定了终身。两个未经世事的孩子，还以为手中的一百五十个金币永远都用不完。当感觉到有必要时，曼侬拿走了他们的钱袋，回归了富裕的生活。德·格里奥则被迫回到他父亲的家，并得知轻浮的年轻女孩欺骗了他；他俩得到过邻居 B 先生，一个富有的农场转租人的资助。第一幕结束。年轻人披上了教士的衣装，而他从前的爱人则穿着情人送的锦衣华服在剧院中招摇。道德被拯救，但欲望却没有熄灭。

德·格里奥，圣苏尔皮斯（Saint-Sulpice）神学院的学生，做了他的第一次公开布道。曼侬听他发言，见到了他，以无数激情的爱抚令他臣服，她为自己辩解，发誓说自己是忠诚的。B 先生以农场转租人的身份出现，书面宣告说给过的好处要得到相应的报酬。她妥协了，但其目的无非是从他那儿得到几笔数量可观的金钱。"就算他供给她富裕的生活，她也从未跟他一起品尝过幸福的滋味……即使在他提供的快活日子中，她还是在内心深处，一刻不停地，带着对我的爱的怀念。"[2]骑士确信地说，并甘愿以世上任何一个主教的职位来换取曼侬。眼下，他满足于在旧货商店换取衣物（以把钱节省下来给曼侬）；这对恋人再次逃离，带着 B 先生送的珠宝和六万法郎，躲到了巴黎之外的夏约（Chaillot）。这两人又开始

1　普雷沃神父：《曼侬·莱斯科》，巴黎，伽利玛出版社，Folio 丛书，2010 年，第 22 页。

2　同前，第 45 页。

了爱情与金钱的奔波。

"节俭不是曼侬的第一美德，也不是我的。……曼侬的激情在于快乐，我就是她的快乐。"[1]这两句话说明了一切。德·格里奥知道，在落难时不能指望曼侬，她没法忍受贫穷。"没有哪个女孩比她更依恋金钱，总是担心缺钱，让她不得片刻安宁。"[2]

德·格里奥慷慨地花着不属于自己的钱来取悦她，他去借，去骗，去赌博，去做手脚，毫无节制地花钱。曼侬则用自己的魅力去讨价还价，他们试图愚弄来向她献殷勤的人。然而，虽然说"男人寻欢作乐的弱点能得到宽容，因为这是天性使然……而诈骗"却应该受到惩罚……他们被抓了起来，然后再次逃脱。于是继续诈骗。曼侬准备牺牲爱情去换取财富，把一个更朴实的年轻漂亮女孩推给了德·格里奥。他拒绝了她，宁愿再去偷那个买他心上人芳心的富人的钱。他第二次坐牢。骑士的父亲把儿子从监狱里弄出来，并让曼侬背上了妓女的身份。德·格里奥绝望地说，"天堂里能有什么可以比得上跟她见一面！"[3]这个年轻女孩和一些妓女一起被强行发配到美洲的密西西比殖民地。又一个潜逃计划失败了，他们一起踏上这片土地，在那里钱是稀罕的东西，他们的爱却成了一笔财富。他们佯装一对合法夫妻，但谎言被揭穿，没在教堂里嫁给他的这个女人，被分配给了另一个人。他们又做了最后一次潜逃，但结果是，在这片沙漠一般的土地上，曼侬死了。骑士回到了法国，把他故事的结尾告诉了故事叙述者，他们的第一次见面还是在骑士前往美洲之前。

1　同前，第 48 页。

2　同前，第 58 页。

3　同前，第 158 页。

心肝宝贝和嘟嘟

　　《曼侬·莱斯科》迷住了小仲马，确切地说，该书一出版就迷倒了无数的读者。我的理解是，这个故事每个人都经历过，不是在他们的爱情和性爱冒险中，而是要早得多，在他们的幼年时期，在过渡空间和嘟嘟主宰的时期。让我们把话说清楚，我在用两部小说——《曼侬·莱斯科》和《茶花女》作为隐喻，来构想这些客体的特殊货币价值，这些客体来自自恋和外部现实之间的中间地带，精神分析家们根据温尼科特的说法将这一中间地带称为过渡性的。我不是在为风流韵事进行辩解，也不是把一位女性降格为她在别人那儿激起的欲望；我强调的是，在这些小说作品中，这些虚构的女主角具有客体的双重性质：有价可买的和无价不卖的（后者是属于慷慨浪子）。玛格丽特和曼侬，每一个都同时具有那两只长颈鹿的形象，多兰特的那只和他姐姐收到的那只。

　　《茶花女》的开篇正是关于这一点，这个场景的唯一目的就是引入叙事。因为，叙述者以过高的价格买了一本书，他就制造了一个过渡客体的等同物。他也不知道自己为什么这么做，就像我们也不知道婴儿为什么选择了这个或是那个东西。对于一堆竞拍物品，竞拍者们都想以正常价格买到他们觊觎的东西，但是他选中这本《曼侬·莱斯科》，它带有一个不值钱的题词。小仲马的小说里充满了毛绒玩具嘟嘟！

　　阿尔芒·杜瓦尔的年纪要比德·格里奥骑士大一点，玛格丽特·戈蒂埃的标价也要高得多。她甚至会公布自己的状态。这位女士每月有二十五天戴着白色的山茶花，有五天戴红色的。"因为人们不能总是在条约签署的那天就去执行条约。这很容易理解。"[1]
他们的冒险故事没有普雷沃神父写的那么险象环生，但还是基于
一个类似的剧情。阿尔芒深爱着玛格丽特，而玛格丽特深爱的却
是奢华。

东西的价值

交际花的清醒头脑会令古典经济学家们感到高兴。她很清楚自
己的价值。有时她厌倦了那些付了钱就认为和她两不相欠的人，但
对钻石、华服和马车的虚荣心又令她接受了自己的身份。"我们已
不再属于自己。我们已不再是生命，而只是一些东西。"[2]她向阿
尔芒解释。可是这件东西每个月花费六七千法郎。此外，玛格丽特
还很会理财，很会在社会上售卖自己。如果想不让阿尔芒破产、失
去收入从而毁掉他，她就要向最富有的情人每年索要高达五六万法
郎，因为必须要有其他人来进行金钱补充。就算阿尔芒只是送她一
些鲜花、糖果和剧院包厢的票，他那点儿年金也只能维持一两个
月。"你有一颗善良的心，你需要被人爱……去找一个结了婚的女
人吧。"[3]玛格丽特向他建议说。但是他在她身上只看到一位圣女，
没有一丝一毫高等妓女的模样。他接受了成为她心灵的情人。他们
一起梦想着某个夏天到乡下去喝杯牛奶。然而，当她向他保证自己
已经找到了一个计策可以一起逃跑时，他却担心起来。

---

1 小仲马：《茶花女》，第 119 页。
2 同前，第 178 页。
3 同前，第 113 页。

"这个办法是你自己一个人找到的？"……

"麻烦我一个人来承担……但是好处我们可以共同分享。"……

听到"好处"这个词，我不禁涨红了脸，我想到了曼侬·莱斯科和德·格里奥一起侵吞了B先生的钱……[1]

阿尔芒宁愿选择分手。玛格丽特回来找他。"我认识到你爱我，是为了我而不是为了你自己，而别的人都是为了他们自己而爱我。"[2]这个作为客体的女人第一次体验到"非我"的占有。

于是阿尔芒开始了新的生活。和德·格里奥一样，他借钱、赌博、挥霍无度。他们出发去乡下，巴黎变大了，他们去的不再是曼侬和她的情人避难的夏约，而是查图（Chatou）。但问题一直都是金钱。阿尔芒发现玛格丽特卖掉了她的那些羊绒、珠宝和马车。于是他想把从祖父那里继承的年金赠送给她。他的父亲出现了。警觉的父亲训斥了儿子。"你有了一个情妇，这很好；你像一个风流男子所做的那样，为一个被包养的女孩的爱付钱，这好得不能再好了；但是……如果你堕落的生活……玷污了我给你的尊贵姓氏，那就绝对不行，绝不能让它发生。"[3]威权的父亲们要物归原位了。"把这个脏兮兮的长颈鹿扔掉，别再带着它走来走去，你这个年龄不能再这样了"，某一天多兰特的父亲就曾下令道。"你就是个上了当的傻瓜。"德·格里奥的父亲先是嘲笑儿子，随后又否定他："我

1　同前，第154页。

2　同前，第157页。

3　同前，第227页。

宁愿你丢了命，也不愿意看到你身败名裂。"[1]每个人使用的未必是同样的武器。在21世纪，我们指望话语就够了；在18世纪，父亲的权力是由家族图章上的字母支撑的；在19世纪，杜瓦尔先生则与时俱进、更加虚伪。他瞒着自己的儿子去见了玛格丽特，并说服她重操旧业。她把自己出卖给一位有钱的追求者。阿尔芒发现后，跟她决绝地分手了。有一段时间，他甚至跟另一位轻浮女子出双入对，在出海远航之前羞辱了玛格丽特。他回来的时候，她已经死了，死于我们在小说开头就知道的肺痨，死在她门可罗雀的公寓里。

浪子的希望

玛格丽特和曼侬所过的日子就像那些毛绒玩具嘟嘟一样，转瞬即逝。小说中的这些人物不会衰老。她们没有遭遇过年华老去后的门庭冷落、入不敷出，甚至一文不值、弃如敝屣。她们以自己的韶华，永久地具身化了被遗忘的过渡客体的踪迹，这正是浪子试图找回的。

我们不妨假设小说是对某种幻想的书写。那么其真实性就源于它对无意识动力的准确描述。小说的成功证明它触及了每一个读者在不知不觉中所期待和所明白的东西。小仲马从他自己与玛丽·杜普莱斯的爱情故事出发虚构了《茶花女》的故事；至于普雷沃神父，作为那些相信明天已被写就的人之一，[2]却在写完《曼侬·莱斯科》

---

1 普雷沃神父：《曼侬·莱斯科》，第33和159页。

2 皮埃尔·巴亚德（Pierre Bayard）：《明天已被写就》（*Demain est écrit*），巴黎，Minuit出版社，2005年。

之后经历了一段激情之爱。小说家们是精神分析家式的传记作者，小说的时间顺序就是精神现实的顺序。正因如此，他们让我明白了我从多兰特的铺张中所听到的东西。

　　大手大脚地花钱可以有很多方式，挥霍者燃烧它，自大者用它来碾压别人，也有各种各样的以远超经济学家眼中合理的价格去购买任何物品的方式。收藏家哪怕很吝啬，也会梦想着完成他的系列收藏；嫉羡者受不了自己的对手获胜——我们知道这种争斗，看看拍卖会的竞价就能明了，买主没法接受宝贝落入另一个竞争者手中，他一定不如自己细心周到，更别提还有人会赌自己今天高价买来的东西明天就能转手赚上一笔。但所有人都为自己得到的客体赋予了一种可以转化为金钱的价值。不过，一个磨损的毛绒玩具能值多少钱？一块破旧的床单，一截褪色的织物，所有那些对婴儿来说不可或缺的嘟嘟又值多少钱呢？除了作为一种恋物——就像我们以为曾属于某位圣人或某个明星的珍贵物品，被注入了伟大人物的价值，这些废物一文不值。这些物品没有可以衡量的价值。它们被选为过渡性客体，从未进入过经济交易的世界。它们存在于内部现实与婴儿所建立的外部生活之间的这片共享区域中，在那里幻觉得以具形（prendre corps），这个空间因无任何要求而没有争吵，这无疑就是浪子的乡愁。

第六章　财富的拥有者

　　她进入舞会，尽管名声欠佳，但可凭借自己耀眼的美貌！……那天晚上，她把纤纤玉臂伸给了……一个初来乍到的男人……他穿得很正式，衣着紧绷，显得很僵硬，并认为此刻在做……一件难以启齿的大胆行为，这些行为会令男人们到死都后悔自责。

　　这个男人的态度肯定令伸手给他的敏感女士非常不快；她感觉到了……于是把身板挺直，因为她的奇妙本能告诉她，这个男人越是吃惊于她的举动，她就越是要显得傲慢……几乎没人明白她此刻难受坏了，作为一个没名没分的女人，挽着一个无名男人的胳膊，而且这个男人似乎还发出了指责的信号。[1]

但我们这位光彩夺目的交际花，碰巧在人群中看到了一个朋友，于是松开了粗鲁骑士的手臂，去跟朋友跳起了华尔兹。

1　于勒·贾宁（Jules Janin，1804—1874）：《玛丽·杜普莱斯小姐》，见小仲马《茶花女》，第332—333页。

驯服财富

想要留住财富，就要配得上它。财富并不能使人成为一个更高级的人。它不能把一个主体变成一个客体，哪怕是一名交际花；它不允许轻蔑，这是于勒·贾宁转述这个片段的意义之一。这位有点被人遗忘的作者，描述了他跟玛丽·杜普莱斯——茶花女原型的最后一次见面。从中我们还可以读到炫富之人引起的那些复杂感受，就像文中这个男人胳膊挽着全巴黎最昂贵交际花的那个模样。每个人都觉得获得财富后，自己会跟别人不同、会做得更好，就算身边的女人多么唯利是图，自己也能优雅相待，在这种坚信中，常常交织着嫉羡和憎恨。

对于富人来说，保护自己并化解这些对他的敌意是一门真正的艺术。《在如花少女们的倩影旁》的叙述者就对德·诺波瓦先生的做法敬佩不已，当时他的父亲向这位先生请教如何管理儿子刚继承的大笔遗产。

> 他建议了一些他认为特别可靠的低收益证券……至于其他的，基本上是我父亲跟他讲自己都买了什么。德·诺波瓦先生露出一丝难以察觉的满足微笑：就像所有资本家一样，他认为财富是一件值得向往的东西，但是关于一个人所拥有的财富这个话题，他发现更微妙的做法是只以一种不露痕迹的智慧来恭维；另一方面，由于他本人非常富有，他感到更有格调的是，对于别人远不如他的财富也表现出足够的重视，同时让

自己的优越性获得愉快与舒服的回应。[1]

这位大人物知道要跟自己的财力和解。他已经驯服了自己的财富，我们听他说这些，会觉得如此建立起来的投资组合有着微妙的品味，以及某些股票的美妙价值和诱人魅力。货币那叮当摇晃的现实是如此遥远。财富，在得到驯化之后，就能令人忘记金钱。

赢奖金的节目

我接待阿丽西已经几个星期了，当时她的生活被一件事情给打乱了。这个女学生来咨询的原因是她失恋了，需要帮助才能走出来，这是心理从业者们所说的反应性抑郁症。在我以为咨询接近尾声的时候，命运跟她开了个玩笑。在一档电视节目中，她赢得了一笔数目可观的奖金，有几万欧元。命运女神向她露出了微笑，那之前她还在为爱人的离弃而伤心，为遇人不淑的霉运而绝望。

事情的发生有好几个阶段，而不仅仅是一个偶然。参加这个电视游戏需要两人一队，夫妻、母子、父女、朋友等都可以。去报名的是她弟弟，姐弟俩一起通过了试镜。他们被选中了，一个月之后，节目开始录制。每一对参赛选手会收到一笔钱——由一叠叠仿制的钞票来代表。然后，选手们需要在商议之后就一个提问给出一个或多个回答。选择就在四项备选答案之中，其中只有一项是正确的。

---

1 马塞尔·普鲁斯特：《在如花少女们的情影旁》（*À l'ombre des jeunes filles en fleur*），《追忆似水年华》（*À la recherche du temps perdu*），第一卷，巴黎，伽利玛出版社，《七星文库》，1987 年，第 445—446 页。

押在错误答案上的赌注就会全部失去。因此，在每一轮中，如果只押在错误答案上，那就有可能输掉所有的钱；如果把所有的钞票都押在唯一正确的答案上，那就不会失去；或者把赌注分摊在所有的答案上，那就能确保还会剩下一部分钱。提问游戏一共有七八轮。很多选手在终场前被淘汰了；在结束时，某些选手还剩下几叠钞票；阿丽西和她的弟弟则是带着一大捆钞票离开的。

提问所涉及的范围很广，与其说是关于文化，还不如说是一些逸闻趣事，答案是无可争辩的——指出四位歌手中谁的年龄最小，其中两位歌手只相差一岁；猜一猜某句加拿大法语在法国意味着什么；或者回答出某个电影演员出生于哪个国家。一点点常识和逻辑思维有时候就能帮助选手排除一两个答案，但碰运气的成分仍然很大。选手们给予的表演，也就是节目组要求他们所提供的表演，是在作出选择之前两个人之间讨论的情景。鉴于提出的问题涵盖面很广，这个节目的受众也非常多，每一次都有许多观众知道答案，知道该把赌注押在哪个选项之上，他们都成了虚拟的中奖者。同样，选手们知道某些答案，而对另一些则不知道，他们的错误对有些人来说是低级错误，对另一些人来说则情有可原；两名队友的合作方式，一个怎样说服另一个，还是两个人一起错下去。最后还有他们对待金钱的方式：有一些选手爱冒险，有时候很鲁莽，完全依靠运气，还有一些选手拒绝冒险，倾向于安全过关和少赢一点。

我留意到金钱在这个游戏节目中非常显眼。阿丽西赞同这一点，并补充说，她对仿钞的质量感到惊讶。导演坚持要让选手们操控的货币显得尽可能逼真。节目的布景看起来就像是银行金库里的一个房间，一些演员来扮演安保人员，镜头的重点放在掉下去或是留下来的钞票上。押注的方式是把钱放在对应着所选答案的活动板上。在一段悬念时间——有时是插入的广告——之后，活动板打开，钞票消失了，在每一个错误答案面前，都只留下一个张着的大口。最终，获胜的那对选手可以带着剩下的所有钞票离开，阿丽西和她弟弟就是这样满载而归的。

不过，观众们不知道的是，赢来的奖金在相当长时间里都是虚拟的。选手们还不能把仿钞兑换成真正的现金，就像陀思妥耶夫斯基在威斯巴登的赌场一样。他们签署的合同规定，这笔钱只能在节目播出时才能给他们——所以这不是一场赌博，而是一个节目，而且只有真的播出后才算。播出之前他们被禁止披露所得的奖金数额，否则合同会被取消。这是阿丽西在我们会谈时所陈述的要点（我是在看了播出的电视节目之后才实现了对比赛的描述[1]）。在分析会谈的过程中，这位年轻女子从暂时不能披露奖金数额这一禁令的煎熬里解脱出来，因为在这段等待的时间里，她燃起了对恋人归来的希望，因为那时他已经离开了她。她意识到，等待和期望一直都处于她生活的核心，她一直在一个冷淡的母亲和一个经常缺席的父亲之间不断地等待和期望。接连几个星期我们都在谈论这个主题，随后的暑假中断了分析会谈，因为我们的假期不同步所以得中断相当长的时间。我们约好在两个月之后再次见面，到时候再决定是否继续分析。

意外的出名

在此期间发生了一些意想不到的事情。暑假回来之后，阿丽西的叙述带着一种苦涩的震惊。她和弟弟一起参加的这个热门电视节

1　"掉钱游戏"（Money Drop），法国电视一台（TF1），2013—2014 年。

目在黄金时段播出了。人们看到他们获胜，带着一大捆钞票离开，他们也的确收到了支票。然而，她没料到因此会有一些带着嫉妒和恨意的反应，会有人跟她要钱，她也没料到自己的拒绝会引发粗暴的回应。阿丽西在巴黎读书，她的家在一个外省的小城市。回到家乡她立即被许多热衷于电视节目的当地人认了出来。她以为别人会祝贺她，就像在家里一样，但是她没想到自己会这么出名，更没想到会有各种人提出了各种要求。由于弟弟马上带着赢来的钱旅行去了，她更是成为众矢之的。先是在服装店遇到了一个初中的老同学，酸溜溜地说她现在可以想买什么就买什么。然后是一个邻居男孩想向她借钱去更换他的摩托车，并因为阿丽西不同意而非常生气。她甚至还在超市碰到一个不认识的女人要求她为自己买单，阿丽西赶紧逃走了，不想看到对方的反应。她只剩下一个身份，就是赢了钱的人，她感到难过，因为被看成是一个不愿分享的人。她中断了在老家的度假，去和弟弟团聚，然后提前返回了巴黎，并在回程的列车上认识了一位在大学里打过照面的年轻人。

在我们的分析会谈中，她为自己辩护：她给父母、亲戚都送了礼物，还请朋友们去餐馆吃饭庆祝，她收到的钱并非取之不尽，只是一笔很小的财富。阿丽西没有跟火车上碰到的学生谈到她赢钱的事儿，他们之间建立了某种关系。她很怀疑自己的回答，可是如何带着这个秘密去跟别人建立一种联系呢？我们的会谈就此结束。我把是否回来继续会谈的选择留给了她。但我没有再听到她的消息。爱的忧愁驱使她来做分析，这个忧愁她已经穿越了，她无疑也会按自己的方式驯服自己的财富。

我自己就见到并观察过一个小小孩的嫉妒（invidia[1]）：他还不会说话，脸色发白，痛苦的眼神紧盯着他吃奶的弟弟。是谁忽略了他？……尽管奶水充沛并汩汩流淌，却不能跟一个一无所有的兄弟分享。[2]

在这些闪烁光辉的字里行间，圣奥古斯丁描述了婴儿对共享养育者的那个人涌起的嫉羡。凝视反映出眼睛的欲望，嫉羡却不是对乳房的嫉羡，而是一种对想象中的富足的嫉妒，是我们认定吃奶的婴儿所拥有的富足。"谁会让我想起幼年时的罪孽？"[3]奥古斯丁自问。"我有什么罪过？"阿丽西自问。毫无疑问，罪在于吸引了眼球、挑动了贪婪。因为她参与的游戏节目通过展现出越堆越高或者突然消失的钞票，达到了吸人眼球的目的。那些每个人都能找到答案的提问，会诱使观众们自我认同为选手。作为那个"一无所有的兄弟"，当钞票消失的时候，感到自己像断奶一样被剥夺了奖金，所以当奶水汩汩流淌时，这些观众怎会不期望得到他们的那一份呢？

百万的影响

在法国，乐透彩票的继承者法国国家彩票公司，是一个公共运

1　Invidia 是古罗马神话中的嫉妒和嫉羡女神。译者注。

2　圣奥古斯丁：《忏悔录》第一册第七章，第 789 页；参见雅克·拉康：《第十一个研讨班：精神分析的四个基本概念（1963—1964）》（*Les Quatre Concepts fondamentaux de la psychanalyse [1963—1964]*），巴黎，瑟伊出版社，1973 年，第105—106 页；并参见本书第一章。

3　同前，第 788 页。

营商，这也有助于充实国库。因此，它不仅向各种彩票的中奖者们支付他们赢得的钱，而且还为他们提供援助支持。如今，所有获得超过一百万欧元的人都可以获得这些向获奖者提供的相关援助服务。但是，阿丽西赢得的钱远远不足以令她得到这种援助，然而因为她的获奖被大张旗鼓地宣传，引起了很大的反响。事实上，如果听听那些有幸中奖者的证词，以及负责在此过程中陪伴支持他们的人的说法，就会明白保密的问题是非常重要的。如果收到的金额太出人意料，也就是说超过一个人预计一生能收到的薪酬总和时，一夜暴富就是一种创伤。金额大小因人而异。一百万、五百万乃至一千万欧元，对许多人来说都是一笔巨款，但不是对所有人；然而，没人能够否认，一亿欧元能让收到的人变成一位克罗伊斯。这个幸运儿并没有在帕克托河里找到黄金，而是猜中了一串随机生成的数字。他成为被选中之人，享用富饶，就像那个婴儿一样，享受着似乎取之不尽的奶源。他再也不能抱怨他在母亲的乳房上吸吮的时间不够长。就算儿童力比多的贪婪巨大无边，人们仍然会想象他得到了彻底的满足。

对许多人来说，嫉羡——这种对享受着我们所没有的财富的人的仇恨，以及必定随之而来的垂涎，对拥有这些钱的难以节制的欲望，看起来是不可避免的。只有一种方法可以保护自己免受这些人的刺人目光：保密。第一桩急事儿就是如何进行隐匿。我们谈论的是必须把一个家庭小心翼翼地搬出他们所住的城市。但是一般来说，这涉及决定向谁以及何时宣布好消息，也就是说确定宣布的日期并选择谁来参与。阿丽西和乐透获奖者之间体验的不同就在这里。在前者的情况下，为了尽可能多地吸引观众，节目把货币以银行钞票的形式展示出来，代价就是牺牲了那些参与者，他们通常不去评估展示自己会有什么后果。而在乐透奖的情况中，公布的保密条款保护了中奖者，也让未来的投注者们放心投注而不必担心中奖后果。财富就是一场演出。

对于在公共场合哺乳的女性的微妙反应就说明了这一点。对私密的要求有时候会十分强烈，人们会把目光移开。

> 遮住那个乳房，让我看不见它。
> 因为这样的东西，让灵魂受了伤，
> 而且这还带来了罪恶的想法。[1]

但这里伤害灵魂的，并不总是胸脯的色情，并不是对这样一个客体感到嫉妒的欲望，而是对于吮吸乳房的那个人的罪恶的嫉羡。在这幅图像面前，眼睛要求被蒙上面纱，因为无法承受自己的觊觎。并不是婴儿有暴露癖，而是他人的目光太贪婪。同样，法国国家彩票公司就像一位细心的母亲，只会在私底下分发她的财富。

照顾中奖者

尽管如此，早晚还是要回到现实世界，中了大奖的人们说，这至少需要一年的时间。"我们只剩下一个身份，就是中奖者。我们再也不能讨论某些事情。"这个女人和她丈夫表示。他们不再被允许谈论对生活的忧虑。"从得奖的那一刻起，我们就改变了阶层。我们不是失业者，我们不是工作者，我们不是吃利息的，我们属于

1　莫里哀：《伪君子》（*Le Tartuffe*），第三幕第二节。

一个并不存在的阶层叫'中奖者'。"[1]男人坚持说道。正是在这一刻，他人的目光获得了所有的刻毒。视觉冲动是致命的。它把被看的那个人简化为他的奖金。无论是吃饱了的婴儿，还是有很多钱的男男女女，他们都失去了主体的身份。他们只不过是一些幸运儿，跟他们周围的人割裂开来。"我们不再是生命，而只是一些东西。……我们有朋友，但是……他们的友谊都受到了羁绊，再也不会毫无私心。"[2]富有的茶花女抱怨道。

作为一位足够好的母亲，法国国家彩票公司会帮助中奖者们克服由嫉羡引发的负罪感，并进入一个过渡空间。[3]"无论我们给钱还是不给钱，都一样，我们给的永远都不够。"该公司的一位内部人员很遗憾地说。因此有必要走出这个难题。与类似的人见面让中奖者阶层得以存在，组织座谈会和反思小组，认真地倾听，能够帮助那些愿意参加的人，帮助他们理解自己深陷其中的幻想。从那以后，他们就有可能跟这个不完全属于他们的想象保持距离，带着他们的欲望还有挫折去感受作为主体存在的生活——因为金钱，虽然说它能够满足期待，却无法实现梦想。富翁有能力成为一个真正富有的人。出入高档场所和奢侈品店、星级餐饮还有各种演出，这些都会有。然后，每个人会根据自己的风格去和他的巨款和解。

对吃奶心满意足的婴儿，这样的形象并不只是幻想。如果这种体验得到重复，并能继续下去而没有太多意外，那么婴儿就会对自己的好运充满信心，精神分析家们知道这就是母爱的结果。他猜测自己总是能从期望中受益。关怀和喂养按时到来，只需稍作等待，

---

1 参见萨尔瓦多·利萨（Salavatore Lisa）：《救命啊，我中奖了》（*Au secours, j'ai gagné au loto*），电视纪录片，Avenue B 和 Arte France 电视台，2012 年。

2 小仲马：《茶花女》，第 178 页。

3 参见第五章。

这样才能给欲望留出空间。没有过饱，不会挨饿，他可以有胃口，也可以不饿，还可以跟乳头、奶嘴和餐盘玩耍。

财富的魅力

　　"一个人拥有的钱超过一定数量之后，就可以获得藐视金钱的额外优势。那种不必担心物价的生活具有一种无与伦比的审美魅力，买不买什么东西只取决于自己的想法……只考虑物品本身的内容和重要性"，而对于没钱的人，"想要买一个东西并轻松、直接、完整地享用它……早就被无处不在的金钱消耗问题败坏了兴致"。[1] 早在1900年，开创了现代货币研究的德国哲学家和社会学家格奥尔格·齐美尔就指出，财富能够让拥有它的人获益于某种"超级特权"（superadditum），这是一种无法购买的额外享乐。与其说这跟拥有的货币数量有关，不如说跟富裕的品质有关。它意味着细心而亲切的售货员，可以使用柏林有轨电车上的头等车厢，还有那些昂贵商品的购买者所拥有的各种小特权。虽然说如今的地铁里不再有头等舱，但我们仍然会给前来维修高档手表的顾客提供一杯咖啡或是橙汁。

　　然而，任何人只要有足够的钱，无论是自己挣来的、偷来的还是借来的，都可以在一家出名的珠宝店里购物。提供的饮料都包含在价格中，就像在机场使用贵宾休息室也是商务舱机票成本的一部分。养育者脸上的微笑可能只意味着这是一个好好吃饭的乖宝宝，是一个好客户。反过来，并非所有人都能获得的是，当财富让人能

1　格奥尔格·齐美尔：《金钱的哲学》，第258页。

藐视金钱、当花费多少钱的问题不再阻碍任何交易时，出现的那种轻松、直接和完整的享乐。当儿童不再担心他的下一顿饭，或者更准确地说，当问题本身就不存在时，他才会在其他时间跟喂养他的那个人玩耍。从那时起，命运女神福尔图娜就把丰饶之角[1]送给了他。有钱的人还在算计，富有的人则忘了数目。

忘记数目

> 克莉丝汀对这种新的购物方式惊叹不已，就是买单时不问价格，不用一直担心"太贵了"这种会令人却步的说法。我们只需要挑选、说可以，不用担心其他，礼盒已被系上了缎带，随着神秘使者的翅膀一起飞到了家中。[2]

在斯蒂芬·茨威格去世后出版的小说《变形的陶醉》中，女主角克莉丝汀·霍夫勒纳发现了一种不用担心价格的生活的魅力，在这种生活中只根据物品的重要性来轻松决定是否购买。这个 28 岁的维也纳女孩，家庭被"一战"和通货膨胀给毁了，那时的每一张钞票都像是一片融化在手中的雪花，她不得不在一个小乡村的邮局接受了一份卑微的工作。她微薄的薪水只够自己和生病的母亲过简

1　丰饶之角（Corne d'abondance），罗马和希腊神话中装满果实和鲜花的羊角，以此庆祝丰收和富饶。译者注。
2　茨威格：《变形的陶醉》（*Ivresse de la métamorphose*），《长篇小说、中短篇小说及散文》第二卷，第 154 页。

陌的生活。单调、悲伤和毫无希望的日子突然被打破了，她母亲的妹妹邀请她到瑞士的度假胜地去玩，就在圣莫里茨（Saint-Moritz）附近。这位姨妈名叫克莱尔·范·布伦，如今是个富有的美国人。战前她带着一笔钱逃离了维也纳，是为了掩盖她与一位富裕的已婚实业家的婚外情，到美国之后，她嫁给了一个进出口公司的雇员，丈夫借助她的钱成了富有的商人。在欧洲逗留期间，她想起了姐姐，姐姐因为身体太差不能去见她，于是她就邀请了尚未谋面的外甥女来他们下榻的豪华酒店。对克莉丝汀来说，这就是"变形的陶醉"，这也是出版商给这个未完成的故事所起的标题，它由茨威格在 1925 年至 1940 年间写的几篇草稿合编而成。茨威格在 1942 年自杀，又过了四十年，这部小说才出版。

大致上讲，手稿由两部分组成，把这个故事划分为两段。第一个部分讲的是克里丝汀在一个有钱人的世界中发现了财富和生活的品质。在陪伴姨妈和姨父度过的几天里，克莉丝汀"感到被一股浪给带走了，被一阵舒适的风推着……在这里，她被一种变形的陶醉彻底征服"[1]。第二个部分讲述的是贫困的绝望。年轻女子被赶出这个天堂之后，无可奈何地恢复了她寒碜的生活，然后遇到了一个同样因缺钱而伤痕累累的男人。他们计划结束自己的生命，却一边拖延着，一边又想着掏空邮局的保险箱。这份手稿以未完成的方式完成了，戛然而止于他们为盗窃行动所做的计划，里面讲明了所有的后果，包括被发现之后的自杀。

姨妈的邀请电报对她这样一个小职员来说就像是一张猜对号码的乐透彩票。此外，邮局里还真的贴有一张彩票广告；而且，她在阿尔卑斯山小住后又回到灰暗生活的时候，也没忘了去买一张彩

1　同前，第 161 页。

票。就像所有的穷人一样寄望于一个奇迹，茨威格强调。在给外甥女发电报之前，克莱尔·范·布伦问她的丈夫，外甥女的到来会不会打扰他，当时他正像每天早上一样沉浸在他的报纸和雪茄烟雾中："完全不会。这怎么会呢？"[1]在克莱尔的反复坚持下，他正式表达了同意，就像乐透球对未来的中奖者一样冷漠。"这个简练的回答结束了对话，并封存了一段命运。"[2]

一种孤独

但面对自己的命运，克莉丝汀是孤独的。她需要避免的并不是嫉羡，村里人对她无动于衷，母亲对她的经历非常高兴。没人教过她财富的准则。三等舱的旅行之后，没有人在火车站等她，当她爬上皇宫酒店的小巴士时，上面满是亮丽而喧闹的旅客，她为自己可怜的手提箱、橄榄黄色的外套、粗糙的鞋子和廉价的雨伞感到无地自容。在宫殿的大厅里她仍然是孤独的，人们把她当成一个佣人，直到她的姨妈出现，才有门童陪着她去房间。当她发现房间大得惊人、洒满了金色灯光，并没有人和她一起同住时，她立马想到的是这得花多少钱啊。而且，当她在镜子里看到自己，当她取出自己最普通不过的洗漱用品，当她从手提箱里拿出一件上衣，也是她衣柜里最漂亮的那件，而现在看起来却是如此粗鄙，这时候她已经做好了准备，被看作一个入侵者。在去餐厅寻找姨妈姨父的路上她还试图躲避投来的目光。仍然没有人向她解释怎么去吃这些被服务员放

---

1 原文为英语："Not at all. Why should it？"同前，第117页。
2 同前。

在盘子里的奢侈东西，怎么从桌上的十几个餐具中做选择，以什么样的动作将这些令人难以置信的食物送到嘴里。怎样去避免笨手笨脚，不去想象那些贬损的悄悄话，那些嘲笑她贫穷的刀子般的目光？这场斗争令她精疲力竭。在没有掌握富裕生活的行为规范时，掌控财富并不是那么轻松。

与此同时，她穿着的那件黄色外衣，好像一个蛋黄流淌着的蛋，是一件值得收集的古董。克莉丝汀真是让范·布伦两口子感到有点丢脸了。这样一来，为了防止可耻的贫困玷污他们夫妇的声誉，克莱尔决定要改变外甥女的形象。她借了几件衣服给她。"难道不要先学一学这种衣服怎么穿吗？" 克莉丝汀心想。然后就是采购，而且不必担心过于昂贵。"不能让你为我花这么多钱。"但年轻女子抵挡不住，只能不去问价格是多少，在姨妈从包包里取出钞票时把头转向别处。然后她任由理发师、美甲师、化妆师的双手对她进行打理。"这很完美"，姨妈来接她时表态。在回来的路上，她告诉外甥女山脉、酒店、名人的名字。现在，克莉丝汀去除了贫苦的外表，她的姨妈可以向她解释如何进入有钱人的世界了。

陶醉于钱财

起初，穿上精致的内衣和丝绸连衣裙，她感到的是对被篡改了的形象的恐惧，对明显的蒙骗的恐惧，但是镜子再次给出了它的裁决：这个年轻女人是美丽的、苗条的、优雅的。她走下宫殿的楼梯，一位老先生恭敬地迎接她，这赋予了她所有的合法地位。悲惨的人儿变得闪闪发光，克莉丝汀处于变形的陶醉中。金钱发挥了它的作用，现在，是她被人嫉羡。但是，再一次，没有人保护她。她的姨父批准了这些购买。付款的支票上已经签好了字。克莉丝汀和阿丽西一样，的确享受着一些宽裕，但是，提供给中奖者的援助服务并不存在。范·布伦夫妇希望每天在早餐、午餐和晚餐时都能见到她，点缀一下他们的餐桌。餐桌的仪式不再能吓到她了，而且她在那里发现了松露千层酥、奶油和慕斯的美妙滋味。

很快，尽管已经28岁了，这位被茨威格称为年轻女孩的女人——时代使然——立刻引起了一股旋风。她非常漂亮，新的曲线苗条而又圆润，得到解放的胸部很坚挺，将她的丝质露肩长裙绷得紧紧的。"人们邀请她跳舞，送给她香烟，递给她利口酒，邀请她出游，一起去爬山，每个人似乎都渴望认识她，每个人都很优待她，用合乎自己习惯的殷勤来令她满意。"[1]命运继续对她微笑。她的姨父，在扑克牌的最后一局向这位新手征求意见。结果他赢了，他把一半的筹码给了她。直到他叫她去兑换筹码时，她才明白这一切是怎么回事。两张一百瑞士法郎的纸币，一张五十的纸币和一块厚重的银币。这些钱都摆在眼前，清晰可见，相当于三百五十奥地利先令，相当于这个邮政职员四个月的工资，这么一大笔钱她此前从未拥有过。

如今，在这高山度假胜地，她陷入这股美妙青春的旋风之中。也许有点儿太过陶醉了：她觉得自己脱离了现实，好像失重了。她像一个陀螺一样不停地旋转，最终惹恼了她的姨妈姨父。一个传统的精神病医生会根据她欣喜的兴奋、过度的活动、自大的感觉，判断她开始陷入躁狂状态。而且，确切地说，从一到这里开始，她的新形象就已经悄悄出现了一个裂缝。似是口误（这是欲望的标志），抑或蹩脚的发音，令她最初的一个追求者在介绍她时，称她为冯·布

---

1 同前，第170页。

伦小姐（Fräulein von Boolen），将姨父的荷兰姓氏、中产阶级的"范"变成了一个德国贵族的"冯"，每个人都把这个姓氏与德国最富有的克虏伯-博伦（Krupp-Bohlen）家族的姓氏联系在一起，因而让人印象深刻。她不敢对此加以纠正。

> 在人们用冯·布伦这个新名字来称呼克莉丝汀的最初几天里，她私下的反应是觉得有一点滑稽可笑……她就这么披上了这个姓氏，就像在假面舞会上戴了一个面具。但她很快就忘记了这并非自愿的假象，开始欺骗自己，并采纳了人们给她的身份。[1]

躁狂和欺骗往往与花费无度有关。

对钱财的想象在这位年轻女士的生活中占据了上风，从山中徒步到乘着豪华汽车兜风，从鸡尾酒到调情，她诱惑着每一个人，也在不知不觉中激起了嫉羡。一个年轻的德国女人，因为克莉丝汀的到来而受到冷落、地位下降，她在克莉丝汀的欢悦背后嗅到了一丝不太合理的东西。她太活泼了，在社交中的行为举止太显眼。克莉丝汀还认识不到，那些可以鄙视金钱的人对金钱有一种特殊的审美。克莉丝汀从未停止计算。她所有的享乐都很浮夸。"我要享受一切，所有能得到的东西，一切，一切……"[2]入睡的时候她是这么想的。年轻的邮政职员扮演着一个有钱女继承人的角色，却忽视了财富的准则。她不知道马球是在马背上打的，不知道香水师科蒂的名字。用范·布伦的钱，她可以穿着耀眼的衣服、佩戴闪亮的珍

1　同前，第 188 页。
2　同前，第 212 页。

珠，展示所有奢侈品的外露的标志，但是，对于嫉妒的眼睛来说，她很难扮演一个冯·布伦的角色。要想真正成为富人，仅仅有钱是不够的。就像今天，炫耀一个全世界都在伪造的、品牌标志很明显的包包，远不如佩戴一件低调的、只有旺多姆（Vendôme）广场的珠宝商才认得出来的首饰。现在，拥有一辆气派的轿车已经不那么重要了，比不上有能力不开车。

金光闪闪

　　灰姑娘的失败来得很快。嫉妒的年轻德国女人从闲聊的理发师和嘴不严的女佣那儿，了解到克莉丝汀刚到时的穷苦情形：藤编的手提箱、橄榄黄外套，直至那把带着弯曲把手（bec de corne）的可怜雨伞。然后，她还碰巧发现了被篡改的名字，通过一位霍夫勒纳小姐的母亲写给她的信。骗局被揭开，财富并不存在，金钱都是借来的。人们的脸色不再好看，纷纷背转身去，没人再发出邀请。那位忠实的老绅士，第一个向穿上新衣的克莉丝汀致意的人，告知了克莱尔·范·布伦。她被吓坏了。要是别人发现了自己的过往、她财富的来源、战前在维也纳的丑闻，该怎么办？就像在很多家庭中一样，壁橱里的骷髅——精神分析家和作家们都知道——会悄无声息地一再出现。她说服丈夫马上出发去另一个地方度假，并赶紧打发外甥女回家。甚至都没有再去餐厅，而是把晚餐改在房间里吃。克莉丝汀惊呆了，不明白是怎么回事。她还掉了长裙，试图求助于一位求爱者，这个人却要摆脱她。她穿回破旧的衣服，通过佣人的楼梯离开了"宫殿"。最后一个屈辱，是守夜人拦住了她，把拎着破烂行李的她当成一个擅入者，在看清她是谁之后又卑躬屈膝地道歉。从此以后，这位邮政女工的生活就被钱财给缠住了，但是她不知道如何保留它并将之转化为财富。

小说第一部分的场景是决定性的。"尽管开头如此精彩，后续在我看来却并不清晰"[1]，作者在日记中写道。以什么方式来解决重返贫困和对金钱的怀念，可以有多种途径。斯蒂芬·茨威格想象着克莉丝汀毁掉那些华美的衣服，或者靠偷盗来供养一个寂寂无名的音乐家；他计划令他的女主角变得愚蠢，或者参与一场狂欢、变成一个荡妇、生下一个孩子；这无疑也是为什么，我们所读的版本并未完成，只是相对最完整的一个。在贫困、后悔和嫉妒中生活的方法有很多种，但是只有一种可以从钱财走向财富，就是法国国彩公司试图向中奖者们推广的那种方法——为了鼓励人们下注，最好是展现中奖带来的成功而非不幸，克莉丝汀本来还有一丝机会。年轻女孩对于这样的不幸结局也负有部分责任，茨威格曾在文中多次表明。

克莉丝汀被金钱迷住了，但她并没有像年轻时的姨妈那样，在丑闻发生的时候抓住机会获得财富。当时，克莱尔被一把左轮手枪的子弹伤到了手臂，开枪的是她富有的情人遗弃的妻子，她被愤怒蒙蔽了双眼。实业家的富裕家庭打算掩盖这件事。为了让克莱尔启程前往美国，一位律师向这位年轻优雅的情妇建议了一笔高于她预期的金额，当时她正故作姿态地用围巾包裹着受伤的手臂。这笔钱可没有蒙住她的眼睛，克莱尔并没有失去理智，而是碰碰运气试着多要了一千荷兰盾，对方马上答应了她。这是她成功的开端，也是她害怕被人揭露出来的东西。

克莉丝汀缺乏姨妈这种面对金钱的沉着冷静。对此，小说家向

---

1 引自让-皮埃尔·勒费布尔（Jean-Pierre Lefebvre）：《出版说明》（Notice），同前，第 1498 页。

我们展现了出来，一到豪华的房间，她就被金色的灯光、酒杯和铜器的光泽、抛光表面上的倒影蒙蔽了双眼，我们还可以补充说，蒙蔽她双眼的还有金币上的反光。年轻女孩沉浸在这种钱财当中，然后她穿上华服，自己变成了这样的钱财。她在镜子里端详自己，温热的嘴唇轻触她在镜中看到的形象，就像一个亲吻。钱财加剧了自恋。从那以后，她和带给她这种幸福的钱之间没有了差距。在这种奇迹的裹挟下，她不去纠正被错误地安在她头上的贵族姓氏，察觉不到嫉妒的年轻德国女人发现了她行为的怪异。她也没有听取那位年迈的绅士的求婚，他是一位有名的丧偶英国贵族，在她身边重新尝到了生活的滋味，提议娶她为妻。克莉丝汀根本就没有弄明白他洋溢的热情。她谈到英国、牛津、赛艇、运动，说这是一个她很乐意了解的国家。"老人的脸都变暗淡了……她只想到她自己。"[1]财富就这样溜走了。

这些原本都是克莱尔不会错过的机会。简单解释一下自己是谁，忘掉一点自恋，听一听那位认真的追求者能提供的未来……这些对克莉丝汀来说都做不到，她被钱财弄得目眩神迷，一头扎了进去。有钱人必须克服因金钱改变登录领域而带来的创伤，之后才能够成为富有之人。货币的涌入将人填满。有钱人成为没有能力分享的吃奶婴儿。如果他能够把拥有的东西给出去一点，这份馈赠只会有助于他自己的富足。斯蒂芬·茨威格向我们描述的女主角，满脑子都是她自己，以至于她看到一只狗就要去摸一摸，见到一个小孩就会去拍拍脸颊，碰到一个侍者就想说句亲切的话，这样做能引发一种普遍的好感，从而增强她的幸福感。在这里，分享只不过是外表，它确保的是自恋，是有钱人对他自己财产的认同。

1　同前，第 229 页。

鄙视金钱

我们要理解，这种享受一切的愿望、这种享乐的急切，反映出一种强烈的脆弱性。因为，一个吃奶的新生儿是什么呢？他不过是一个无助的惊慌失措的生命，离开喂奶和照顾的人就活不下去。命运给了什么，也可以再拿走什么，汩汩流淌的奶水的富足和给予安抚的身体的温暖都会消失；雾都孤儿不计其数。福尔图娜，这位令人生畏的罗马命运女神，是反复无常的。通常她的脸上蒙着面纱，一手持丰饶之角，一手掌方向之舵，分配着财富或强加着贫困，而航海员们则总是担心着海上的财富。

我们这儿所说的"财富"（fortune），体现于钱财不再依赖于命运女神的变幻莫测。当对金钱的存在建立起信心时，当富足是确定无疑时，当婴儿知道自己总会找到食物和善意的关怀时，有钱人就变成了富有的人（fortuné）：是命运女神选择了他。他不再需要计算自己的财产、急于获利。那时，他就能向茶花女伸出手臂，对她的美貌致以敬意；他也可以像德·诺波瓦先生一样，点评一下股票组合的美学；还可以像那位英国绅士一样，勇敢地面对克莉丝汀的不体面，并提议给她自己的姓氏；或者，就像我对阿丽西的期待那样，能和新交的朋友一起分享她的小笔财富带来的好处。因为，正如格奥尔格·齐美尔指出的那样，我们拥有的钱只要能达到某个数量就够了，足以满足日常开支所需，这样就能藐视它。财富，并不总是一笔巨大的钱财。每个人都有自己的富足，保护自己免受命运、遗弃和贫困的打击。

一位王后的钱财

我们来看看西蒙·武埃[1]的画作《财富的寓意》，长着翅膀的年轻美丽的女人，深情注视着站在金银餐具中间的小天使。小天使把一些贵重的项链递给她，而她的双臂正用宽大的金黄色衣褶环抱着一个小孩，小孩手指天空，表示着财富所在的地方。在创作这幅画的十五年前，在油画玛丽·德·美第奇[2]加冕的场景中，从圣丹尼大教堂的上空，一场金币雨从天使们手持的一只花瓶里落下。[3]武埃的画是路易十三在 1640 年左右委托他创作的；鲁本斯所画的《圣丹尼修道院王后加冕》[4]是 1622 年至 1625 年间应路易十三的母亲要求，为装饰她在巴黎的卢森堡宫而创作的，这是著名的美第奇画廊系列组画中最有气势的画作之一。

佛罗伦汀·玛丽·德·美第奇生来就很富有，非常富有。1600 年，25 岁的她与亨利四世结婚，"富豪银行家"的嫁妆是取消了法国国王欠美第奇家族的大部分债务。然而，1610 年 5 月 13 日，加冕——一个完全不同于国王婚礼的仪式——的第二天，亨利四世被拉瓦莱克[5]暗杀。他们的儿子路易十三只有 8 岁，她成了王国的摄政王。

1　西蒙·武埃（Simon Vouet）：《财富的寓意》（*Allégorie de la richesse*），画于 1640 年，现藏于巴黎卢浮宫。

2　玛丽·德·美第奇（Marie de Médicis，1575—1642），法国国王亨利四世的王后，路易十三的母亲，是意大利豪门美第奇家族的重要成员之一。译者注。

3　指下文提到的鲁本斯画作。译者注。

4　彼得·保罗·鲁本斯：《圣丹尼修道院王后加冕》（*Le Couronnement de la Reine à l'abbaye de Saint Denis*），美第奇画廊的二十四幅油画之一，1622—1625 年，现藏于巴黎卢浮宫。

5　指弗朗索瓦·拉瓦莱克（François Ravaillac，1577—1610），1610 年刺杀法国国王亨利四世后被处以死刑。译者注。

西蒙·武埃：《财富的寓意》

彼得·保罗·鲁本斯：《玛丽·德·美第奇和亨利四世的协约婚礼》

彼得·保罗·鲁本斯：《圣丹尼修道院王后加冕》

彼得·保罗·鲁本斯：《王后母子的完美和解》

1617 年，路易十三在布洛瓦（Blois）发动政变并监禁了母亲，然后才成为国王。两年之后，玛丽·德·美第奇逃走了，养了一支军队，与儿子作战，之后输掉了这场战争，于 1620 年与儿子和解。正是在此时，鲁本斯受托为纪念这份荣耀而绘制了 22 幅非常大的油画——现收藏于卢浮宫博物馆，其中就包括《王后母子的完美和解》（La Parfait Réconciliation de la reine et de son fils），这是关于她生活的寓言。而纪念亨利四世的相应工程却未能得到执行。十年后的 1630 年，发生了"愚人日事件"[1]。人们认为黎塞留[2]会被国王责罚，但最终被彻底赶下台的是玛丽·德·美第奇。被赶出法国后，她在荷兰边境得到了鲁本斯的迎接，这是鲁本斯应伊莎贝拉公主的要求去做的。下台之后，她在欧洲的不同宫廷避难，并在 1642 年于科隆去世，就在画家度过了大部分童年时光的那所房子里。

画家的富足

彼得·保罗·鲁本斯比玛丽·德·美第奇小两岁，跟从事同样活动的大部分同时代人不一样，他不只是一位绘画艺术的专业人士，[3] 在他的生活中，艺术跟我们今天所说的外交政治一直都是联

1　愚人日（la Journée des Dupes）指 1630 年太后、王后等人联合向国王路易十三弹劾黎塞留却未成功的事件。译者注。

2　黎塞留（Richelieu, 1585—1642），17 世纪法国首相、政治家、外交家。译者注。

3　关于这部分，参考纳戴杰·蓝内里·达让（Nadeije Laneyrie Dagen）：《鲁本斯》（Rubens），巴黎，Hazan 出版社，2003 年；吉尔·内雷（Gilles Néret）：《鲁本斯》（Rubens），科隆，Taschen 出版社，2006 年；芬妮·科桑迪（Fanny Cosandey）：《描绘一位法国王后：玛丽·德·美第奇与卢森堡宫的鲁本斯组画》（Représenter une reine de France. Marie de Médicis et le cycle de Rubens au palais du Luxembourg），Clio 出版社，2004 年，第 19 期。

系在一起的。他的父亲扬·鲁本斯在安特卫普当过副市长，后来成为佛兰芒改革党领袖威廉·奥兰治（Guillaume d'Orange）王子在德国的司法顾问。但是，在王子多次旅行期间，这位司法顾问频繁造访王子的妻子。安妮·德·萨克塞（Anne de Saxe）怀了他的孩子。他为这段婚外情付出了代价：死刑的威胁，三年的监禁，支付赎金，被限制外出，等等。彼得·保罗·鲁本斯生于这些事件之后。父亲去世之后，全家人回到了安特卫普，也改回了天主教信仰。他接受了一个贵族子弟应有的传统而严肃的教育，为了接受贵族礼仪训练，作为侍从，在一个有姻亲关系的贵族家庭短暂生活过一段时间，被发现有绘画天赋后，跟随安特卫普的名师们学画，这些都让这个年轻人在 1600 年来到曼托瓦，来到文森特·德·冈萨（Vincent de Gonzague）公爵的宫廷。保罗陪同他的资助人来到佛罗伦萨参加玛丽·德·美第奇与亨利四世的协约婚礼——这是美第奇画廊的其中一幅画的主题，他在画中也描绘了自己[1]，之后他开始为公爵担任使者，去了西班牙还有罗马，同时沉浸在意大利绘画和古代雕塑中。回到荷兰之后，鲁本斯被任命为宫廷画家，他继续担任大使，特别是在 1620—1630 年，他被派驻西班牙和英国，这一职务从未与他的艺术完全分开。捐赠绘画、各国大人物的肖像、装饰宫殿和参观皇家收藏品等，都是外交的一部分。

彼得·保罗·鲁本斯也不符合艺术家那种有点倒霉、孤独和穷困的传统形象——比如凡·高、塞尚，还有维米尔，他们创作的都是一些杰作，只是当时还不为人所知。我们知道在跨越近二十年后，鲁本斯还在马德里重拾并完成了一幅他在西班牙首次逗留期间的画

---

1 彼得·保罗·鲁本斯：《玛丽·德·美第奇与亨利四世的协约婚礼》，巴黎卢浮宫。

作。[1] 这个人很富有，备受认可，在巅峰时期，他的工作室有多达几十个人。像 16、17 世纪的大多数画家和雕塑家一样，大师指导着他的助手们，打造了那个时代最为兴旺发达的工作室之一。他寻找订单，确定主题，制作详细的草图，这些草图本身就是作品，其中很多都被保存下来；他监督执行，把人物的面孔留给自己来画——我们知道他对婀娜的女性裸体很有品位，而把花卉、植物和动物等交给别人，有时他的助手还是些有名的人才，如布鲁格尔·德·维卢斯（Bruegel de Velours）、斯奈德斯（Snyders）等。画作的售价取决于鲁本斯的参与程度，涉及的金额有时是相当大的（当然，如果和鲁本斯作品在当今的价值相比，当时的金额完全不算大，鲁本斯的一张草图现如今都有相当的投机性价值）。例如，玛丽·德·美第奇组画就值三万金币。钱财和财富对他来说毫不陌生。无疑他知道如何区分这两者，因为在很小时，他就遭遇过父亲的财富所经历的跌宕起伏。

表现财富

我们可以把玛丽·德·美第奇组画理解为如何把一个有钱的孩子培养为一个富有的女人。每一幅画都是像梦境一般去构思的。精确的细节、白天的记忆糅合了许多表象，值得做一番弗洛伊德所说的梦的解析。在《玛丽·德·美第奇与亨利四世的协约婚礼》中，鲁本斯被要求调整主礼神父的服装，并将一位红衣主教的红帽子放

1　彼得·保罗·鲁本斯：《三博士朝圣》，1610 年及 1628—1629 年，现藏于马德里普拉多博物馆。

在祭坛上。而在《王后加冕》中，斗篷上的百合花的数量必须与穿着者的身份相符：国王的女儿们是四排百合花徽，而只有皇家血统的其他公主，她们的百合花数量会少一些。显然，面孔都是相似的，包括那些王冠，开口还是闭口取决于她是公爵夫人还是公主。精确性是必需的，但是幻想无处不在。同样很现实但不同寻常的是，为什么在这些神圣场合的宏大仪式中，最显眼的地方有一些狗，即便它们是王后的？在《王后加冕》中有两条狗，其中一条在舔舐皮毛；在《协约婚礼》中只有一条，在挠痒痒。有人说这代表忠诚。此外，在同一幅画中，还有戴着玫瑰花冠的小许墨奈俄斯——婚姻之神。他一手握着长袍的拖裙，另一只手举着燃烧的婚礼火炬，火炬的火焰朝向玛丽，精神分析家会很快将之解释为肉欲之火而不是仪式之火。

另外，有些情景更是梦境一般奇特。在《王储诞生于枫丹白露》（*La Naissance du dauphin à Fontainebleau*）中，代表子孙后代的五个儿童的小脑袋被画在一束献给王后的花束中，取代了花冠。人们没法不注意到在这些油画中有大量的裸体，女性的，有时还有男性的，以寓意的名义充满于这些场景——大概有近四十个，还有所有画作中所呈现的这些乳房，玛丽·德·美第奇本人也多次裸露着自己的乳房。不过画中也表达出压抑的结果。在《亨利四世之死与玛丽摄政宣告》（*La Mort d'Henri IV et la proclamation de la régence*）中，鲁本斯隐去了那些切断生命之线的女神——帕尔卡们（les Parques）——以避免任何暗示玛丽·德·美第奇参与暗杀丈夫的谣言，这就发生在她加冕为王后的第二天。"她从未能洗刷掉暗杀国王的指责……黎塞留能在愚人日事件中击败她，只是因为红衣主教向路易十三披露了亨利四世之死的秘密文件。"[1] 巴尔扎克还曾经指责玛丽侵吞了她的国王丈夫所积累的财宝："她一直没能洗刷掉暗杀国王……"

梦想中的金钱

因此，巴尔扎克把王后看成是乱花钱的有钱人，就像茨威格的女主角一度所是的那样，而鲁本斯向我们展示的王后则是命运女神的宠儿。这些艺术品融合了现实与梦境，其意义恰恰就在这一点上。在画家的调色板的光照下，这些女神，这些水神，这些胸脯饱满的缪斯，就像一些乳母，允诺在观者的目光下提供富足。从此，我们可以在《王后加冕》中看到财富最终极的表达。丰满的裸体不再出现，都被安置在旁边的画中。我们看到这一幅的场景是最写实的，圣丹尼大教堂里没有了奥林匹斯山的诸神，现场所有人都各就其位，衣着也都恰如其分。这幅画就像拍摄于加冕那个时刻的一张照片。神父还在玛丽·德·美第奇的头顶上举着王冠，从侧面看，王后空洞的眼神可能落在主教们身后点燃的蜡烛上。国王在远处的讲坛上俯瞰着全场，而那些狗则无动于衷地背朝着他。在极为庄重的人群中，每个人的目光都有自己的具体指向，很多人是看着王后。其他一些人则是打量着那些看向玛丽的人；有几个人默契地交换着眼神，相互问候、交谈；乐师们忙着奏乐，红衣主教和大主教们则专注着主礼人的手势。但却没有人关注那些从天而降的金币——就

---

1 巴尔扎克：《关于凯瑟琳·德·美第奇》（*Sur Catherine de Médicis*），《人间喜剧》第十一卷，巴黎，伽利玛出版社，《七星文库》，1980 年，第 169 页。

在画布的正中央，在祭坛台阶上的王后与神父和教堂大殿中衣着华丽的贵族之间形成的空间里。

如果仔细观看这幅画的背景，也许我们可以看到一个男人正惊讶地看向教堂的天空。但不能把他跟他身后张开双臂的那个人混淆。后面这人的双眼紧盯着祭坛，他不是想要去抓住那些金币，而是用手势来表达加冕礼。就这样，沉默而隐形——只有这幅画的观众才能看见——的命运女神佩戴着代表胜利的棕榈枝，主持着这场仪式。在所有人，尤其是玛丽·德·美第奇的无视中掉落下来的黄金，才是财富的成功所在，这时钱财已不再重要，这时金路易、泰勒斯、荷兰盾、欧元或者法郎都已不再作数。财富，是梦想中的金钱，现实与梦幻在这里交融，此时喂奶的母亲变成奥林匹斯山的人物，而货币则不再有存在的理由。

第七章　精神分析家的钱

　　"这让我心痒难耐，或者更确切地说，这让我百爪挠心。"

　　"小心，可别搞混了。到底是让你心痒难耐，还是百爪挠心？"[1]

医学的胜利

　　路易·茹韦[2] 先在舞台上，后又在银幕上扮演了这位已经变得家喻户晓的诺克医生，为了让他更为传神可信地塑造角色，剧本作者朱尔·罗曼为主角构思了他的医疗经验的来源。诺克从很小就开

1　朱尔·罗曼：《敲击还是医学的胜利》（*Knock ou le Triomphe de la médecine*）第二幕第一节，巴黎，伽利玛出版社，Folio 丛书，1989 年，第 62 页。（朱尔·罗曼［Jules Romains，1885—1972］，法国作家、诗人，其舞台剧多次被改编为电影，包括 1951 年的《敲击》、2017 年的《匪医诺克》等。主角名叫 Knock，可意译为"敲击"或者音译为"诺克"。译者注。）
2　路易·茹韦（Louis Jouvet，1887—1951），法国演员、导演、编剧。译者注。

始读药品宣传单和药物使用说明，这使得他在开往印度的船上被任命为医生。干了一阵花生买卖之后，最近他还通过了论文答辩。如今，他在这个小镇上开了一家诊所，为了向大家展示自己具有医神埃斯库拉皮乌斯（Esculape）的门徒的品质，他让村里的警察——这个警察因为声音嘶哑还接受过他的听诊——来宣布，出于慈善目的，周一上午诊费全免——精神分析家在第一次会面时常常也不收费。最后，在要求这个警察叫他医生之后，他完成了警察所做的不太清楚的宣布，并最终确定了自己的位置——有时，通过一开始就做解释，精神分析家也在扮演福尔摩斯。

"当您吃了醋汁小牛头之后，不会觉得更挠心吗？"

"我从来不吃这玩意儿。不过我觉得如果我吃了，的确，我会觉得更挠心。"[1]

医生拥有知识。他是一个假设知道的主体（sujet supposé savoir），就像拉康所定义的精神分析家一样。移情肯定会发生。从此，诺克就能开出处方，要求节制：一口烟也不能抽，一杯酒也不能喝，跟妻子也得清心寡欲。他规定了要定期复诊，收费取决于每个人的收入。节制原则，与在弗洛伊德追随者那里进行的定期分析会谈是相辅相成的，他们也经常根据分析来访者的收入来调整收费。我们可以把整个剧本当作对精神分析实践的一种夸张讽刺的描写来读，朱尔·罗曼为剧本起的副标题是"医学的胜利"（Le Triomphe de la médecine），内容涉及的是客户群、诊断、治疗的问题，也大量涉及金钱的问题。

1　同前，第 63 页。

根据从拉康那儿借用的另一种说法，我们可以坚持说，诺克将客户的想象、诊断的实际情况和金钱及治疗的符号联系在一起。客户群是由病人们构成的。诺克说他采用了从克洛德·贝尔纳[1]那里借鉴来的一个原则：每一个健康的人都是一个无视自己的病人。因此他引导每个人都把自己想象成医生的顾客。然后，就是观察的时间了："一个星期都不能吃固体食物。每两小时喝一杯维希牌矿泉水，实在不行时吃半块饼干，早晚各一次，泡在少量牛奶中服用。……在一周结束时……如果您感到某种全身性的虚弱，头部昏沉……我们将会开始治疗。"[2]于是，诊断就这样被建立在一个确定无误的实在（réel）之上。医生把这个疾病的实在摆在了眼前。从此，他把症状塞进了医学术语中，把它们符号化；多亏了治疗，多亏了收费，他成为专家。

仪器还在路上，病人已蜂拥而至；镇上的旅馆被改造成医疗酒店；前任医生在那儿只进行过 5 次诊疗，而诺克却有 150 次，期待还能增加 100 次。但是目标定位绝对不能搞错。不能把一个病人的负担放到一个收入还不到 1.2 万法郎（1924 年）的家庭，在 2800 个家庭中，有 1500 个的收入也就这个水平。为了使这样构想的医学取得胜利，必须从头开始，也就是说从解决金钱的问题开始。在开业的第一个月里，诺克调查登记了那些有条件生病的人。对于穷人，比如那个乡村警察，则不建议他们在日出和日落之间卧床休息。我能不能这样说呢？在朱尔·罗曼那里，我们找到了弗洛伊德一个断言的遥远回声：贫穷的神经症患者很难摆脱其神经症。尽管如此，

1　克洛德·贝尔纳（Claude Bernard, 1813—1878），法国生理学家，著有《实验医学研究导论》。译者注。

2　朱尔·罗曼：《敲击还是医学的胜利》，第 90 页。

在我看来这是显而易见的，"任何精神健康的人都是一个不自知的神经症患者"，这一原则的结果就是人人都可以做精神分析治疗。于是，这就会涉及确定哪些主体有足够的钱财来做分析……

精神分析家的担保

朱尔·罗曼的喜剧描写了某种医学的胜利所带来的影响，这种胜利基于医生的一种期待，在此是对金钱的期待，但牺牲了患者对医疗的请求（demande）。这部剧还描写出从业者把自己定位为专家的必要性。因此，诺克跟他的前任做法不同，他为自己树立威望，并获得了一群客户。他让自己显得像个神医，能知道、破译和掌控人的四肢七窍及五脏六腑。

> 分析教学将包括……一些对医生来说很陌生的专业知识……：文明史、神话、宗教心理学和文学。如果在这些领域里没有被很好地引导，分析家就无法理解他得到的大部分材料。相反……无论是对跗骨的了解，还是对碳水化合物结构、脑神经纤维回路的认识，关于杆菌病原体及其治疗方法的所有医学发现……：这一切，其本身当然值得高度评价，但是对分析家却没有任何重要性，跟他没什么关系；这些知识并不能直接帮助他理解某种神经症并治愈它，也没法帮助他

进一步提高其工作所需要的智力才能。[1]

在精神分析家梦想中的教学里，弗洛伊德强调了那些重视符号的知识，放弃了那些赋予医学以科学地位的解剖学和生理学知识。精神分析家必须拥有成为符号守护者的资历，并由此确保他言语的可信度。以这样的方式，他能够将自己的实践货币化，而医生则用自己的知识来获得对抗疾病的武器。在这种情况下没有符号，只有易货，而且在易货中，拥有对于跗骨和杆菌体的合格知识，就等于确定得到了一锭银子，而这些在诺克式解剖学中就是所谓的蒂尔克束、克拉克柱、动脉烟斗管等。

不过，精神分析本身也构建了一套力求客观的知识。临床工作者在会谈过程中要远离知识，确保自己不会被它蒙住了耳朵。但是，当我们跳出一个主体的存在体验，进入概括的思考时，精神分析学说也能够提供一整套确定性。人与金钱的关系因此被自信地破译。阶段理论开始发挥作用。它描述了儿童力比多的演变，确定了力比多在身体上的登录因年龄的不同，在这个或者那个性感带上占据优势，性感带是通往外部世界及其客体的大门。从这个角度看，金钱——而不是货币——被认为是一般客体，它汇集了所有被拿走或给予、被摄入或排泄、被同化或拒绝的客体，那些进入身体或从中出来的客体，然后在一个能够分享在场的共有空间中成为一些交换的对象。

1　弗洛伊德：《外行分析的问题》（*La Question de l'analyse profane*），巴黎，伽利玛出版社，1985 年，第 133—134 页。

弗洛伊德的诸等式

对于弗洛伊德来说，主体与金钱的关系是在肛门期确立的。在两到四岁这个年龄，神经的成熟使得儿童能够控制肌肉，尤其是括约肌。儿童可以通过留住粪便来刺激肛欲区，然后在排便时体验到一种痛快的感受。力比多对粪便进行了投注。"肠道的内容物……代表着第一份'礼物'，通过对它的释放或保留，可以分别表达这个小家伙对周围人的顺从或固执。"[1]后来，没有什么比金钱更能象征这份礼物。小气鬼花大钱的享乐，节俭者固执己见的快乐，害羞者用礼物赢得好感的尝试：按弗洛伊德的说法，我们碰到过的所有这些特征可以联系到幼儿肛门期。

然而，如果认为我们对金钱的态度只与童年的这个肛门阶段有关，那无疑就过度了。遵循精神分析的路径，肛门阶段之前还有口腔阶段，即力比多结构中的第一个，在这个阶段，吮吸母亲的乳房成为所有今后的满足感永远不可企及的原型。分析来访者抱怨说，"母亲给孩子的奶水太少，她喂奶的时间不够长"。弗洛伊德观察到，"似乎我们的孩子一直都没吃饱，似乎他们从未吃够母亲的奶……儿童力比多的贪婪竟如此巨大！"[2]我们已经着重指出，分析家绝不能被这些要求愚弄。他同样可以在小气鬼对金钱的那种无法熄灭的寻觅中找到断奶的遗憾，就像他也能猜到，一个慷慨的浪子通过他的花费来维持贪欲。

在口腔阶段和肛门阶段之后，就是生殖器阶段，这是最后一个

1　弗洛伊德：《性学三论》（*Trois essais sur la théorie sexuelle*），巴黎，伽利玛出版社，1987年，第112页。

2　弗洛伊德：《女性性欲》，第18—19页；并参见第六章。

儿童性前期组织阶段，之后就是从六岁到青春期之间的相对平静的潜伏期。俄狄浦斯情结和阉割幻想是这个阶段的著名元素。绝对弗洛伊德式的信条：儿童只知道一个生殖器官，就是阴茎或者说石祖，这是一种幻想中的身体构造。我们有阴茎，或者没有，也许有一个非常小的阴茎（阴蒂）。越是确信自己拥有它，就越觉得自己强大（但总是受到阉割的威胁），而不拥有它就会产生嫉羡。这样一来，我们就能理解某些富人的狂妄自大，他们处于自己的石祖力量中；也能理解一个精打细算之人的担忧，他害怕被人剥夺自己拥有的东西；还能理解贪财之人的嫉羡性格。随着这最后一个客体的到来，一整套符号的等价物就齐全了。事实上，之前"对排泄物的兴趣被移置为赋予金银以价值，但同样也参与了儿童和阴茎的情感投注"，因为存在着一个符号的等式："阴茎"等于"儿童"，弗洛伊德写道，别忘了"阴茎也继承了乳头"[1]，这第一个脱离了婴儿嘴巴的客体。

从现在起，配备了这些知识和等式，精神分析家相信自己能够解释每个人与金钱的关系，根据固着在哪个阶段，就能理解是什么造成了贪婪或慷慨，储蓄或浪费。就像医生破译症状一样，他的艺术在于：在某个时刻给出恰如其分的解释，那个时刻是分析来访者在移情关系中发现了自己处在某个幻想组织中，且发现这一幻想组织不仅让他能理解解释，还能利用解释。正是在这一刻，向一个在想象中过于富有的精神分析家提出的种种要求，可被理解为阴茎嫉羡，除非这更令人想到一位胸脯总是饱满的母亲要断奶；忘记支付一次会谈的费用预示着对肛门括约肌的掌控，如果这不是在拒绝阉割的话——如果钱等于阴茎，那就很难与它分离！

精神分析中就是这样描绘金钱的，但这还不足以定义精神分

1　弗洛伊德：《精神分析新论》，第183—184页。

析家的金钱。他所收到的钱，他同意接受的钱，并不属于解释。

医生的诊费和分析家的收费

"小牛现在卖多少钱？"诺克问那个担心治疗费太高的有钱女农场主。

"这得看市场和肥瘦。不过质量过得去的不会少于四五百法郎。"

"那肥猪呢？"

"有些可以卖到一千多。"

"好！这花掉你差不多两头猪和两头小牛。"[1]

诺克医生为了评估他的收费，把货币变成了易货的对象。他的知识值多少牲口，这样他就能反过来为自己攒多少退休金。这就是"医学的胜利"：经认证的诊断和治疗交换公平估价的牛和猪，在这桩抹去了货币的符号意义的交易中不存在欺骗。精神分析的胜利会以同样的代价，也在相同的条件下获得：以保证能用的解释来换取诊费。但正是在这里，精神分析理论所设想的金钱，即精神分析的钱，和会谈的费用，即分析家的货币，是有区别的。

在执业的最初，我在一个青少年儿童精神病学公立诊所工作，办公室是跟医疗问诊共享的。一走进分配给我的那间，我就发现，在医生椅子上方的墙上挂着一个小相框，里面有一句格言，跟诺克

---

1 朱尔·罗曼：《敲击还是医学的胜利》，第 87 页。

行医所基于的原则差不多，签名是某位克洛德·贝尔纳或者雷奈克[1]，大体意思是："把你的病交给我，我会为你治好它"。经过短暂的犹豫（毕竟我很年轻、初来乍到，是第一个出现在这里的心理治疗师），也没有过多地询问，我发现自己没法头顶着这句指令开展工作，于是取掉了相框。机构行政管理者们接受了我不是搞医学的，它没有被再挂回墙上。[2]

在这里，付款和欠债的问题不仅仅是一桩关于金钱流通的事。在这个诊所中，咨询得到社区的资助，因此对病人是免费的。现在，我明白了问题不在于不付款。那句话不管挂不挂出来，都存在于每个医学思维的脑袋上方。经过宣誓同意，医生的会诊必须以公平的价格来确定。这次付两头猪和两头小牛，下次付一张支票，有时一分钱也不用付。这样就没有关于这种行动的债务。医生不是货币的会计。无论是克罗伊斯的掺假银锭，还是交付给诺克的干净小牛，货币都没有参与到交易中来。医疗行动是按其确切价值来支付的，在法国，这个价值受到公共权力机构的检查，因为是该机构在偿付大部分的费用。但还有一些是无法偿付的：奉献、人文素养、关怀、对治疗的医生无尽的亏欠、助人的母亲般的角色，时而还有对那个被认为犯了错的人的仇恨。这是两者的结合：科学行为与诊费尝试去（或尝试过，因为某种现代理念想要把医学诊疗严格简化为智者的举动）解决的对从业者（praticien）的债务。诊费（honoraires）一词来源于拉丁语 honorarium，即以荣誉的名义支付。诊费，一个用于医生报酬的字眼，但也用于律师、公证人和很多其他从业者

1　勒内·雷奈克（René Laënnec，1781—1826），法国医生，听诊器的发明者。译者注。

2　参见帕特里克·阿夫纳拉：《倾听时刻：精神分析室里的孩子》（*Un enfant chez le psychanalyste*）第八章，巴黎，瑟伊出版社，《评论观点》（*Points Essais*），2007年。（本书中文版已由广西师范大学出版社于 2020 年 11 月出版。编者注。）

参与的自由职业，它不仅仅是为一种技能付出的报酬。诊费承担着对这个从业者的债务。我们理解在这样一个概念中，诊费中用作交易的货币可以毫无遮拦地显示其来源，不仅是可以，甚至最好这样做。那个有钱女农场主的肥猪和小牛，就像支票一样，表明了付费人的身份，这个人通过支付，也偿还了一笔荣誉的债务，并令其为人所知。诊费的背后总是有一个易货的背景，它总是涉及被支付者的欲望问题。

有一些债务是不受时效约束的。精神分析家会拒绝它们。他们提防着易货贸易。他不接受实物支付。精神分析家的赌注在于确保我们刚才描述的诊费的移情性部分，即这种清偿某种情感债务的尝试，能够转换为某个行动的报酬。他要求的不是为一个分析性治疗支付诊费，而是要求那些分析会谈得到支付。向他付报酬不是要给他一种永远的承认，像对一个令人钦佩的母亲那样。他被支付费用，是为了在分析的时候，他就是这个母亲，但是只要分析一结束，就不再对他有所亏欠。

精神分析的实践建立在一些规则之上，通常被称为治疗的框架。它常常会被推翻。为缺席付费、会面的时长和频率、禁止在分析室以外会见分析来访者，以及是否要与分析来访者握手等，有时也会受到这个或那个机构的规定，这些机构已将自己确立为弗洛伊德理论可靠性的保证人。时不时还会有一些调查、一些民意测验，用来找出哪些仪式得到了最好的遵守，哪些又最具有代表性。分析来访者缺席的会谈需要付费，这一点似乎意见一致。可是，普遍的一致往往存在于一些我们并不会提出的问题中，因为回答看似显而易见。例如，如何支付诊费的问题频繁出现（会谈之前还是之后，每次支付还是每月一付，使用现金还是也能用支票，等等）。反过来，我们从来不问分析来访者用什么来支付他的会谈。不言而喻，是用钱来支付。任何实物支付，任何易货的尝试，都会被视为一种精神分析家们所说的付诸行动，也就是说超出了幻想维度的东西。也许，货币的使用是精神分析实践的唯一共识。

小石头

"那块石头，它很小，但它很坏，特别、特别的坏！"现在我已记不清具体是在什么情况下，我向六岁男孩瓦莱尔提出，要他以一块小石头的形式，来"符号性"地支付他的会谈。但是，对他的回答我却记得相当清楚。正是在听到那句话之后，我彻底地放弃了我曾不时采用的这种做法。

瓦莱尔是个独生子，在父母分手的时候前来咨询，这两个人在他们的孩子面前束手无策。和父母在一起时，他很平静，看上去对家里的纠纷无动于衷，但与此同时，他在学校里却显得躁动不安，注意力不集中，容易对他的同学们发怒；这是一种新的态度，让人惊讶的态度，甚至他周围人为此态度感到担心。在与他父母单独或有他在场的情况下进行了几次面谈之后，经过瓦莱尔同意，我开始单独接待他，进行心理治疗。他先是用我办公桌上的小汽车来玩游戏，这是一场无休止的追逐。在随后的几次会谈中，他拿起那些供他使用的小动物、士兵、牛仔和印第安人，用它们挨个儿编故事，编得相当好，故事表现的是一些没有真正重聚的寻找和碰面以及一些没有输赢的冲突。他的故事都没有结局。每次都是会谈的结束中止了故事。他也很清楚，他在分析中所做的一切都和他目前的家庭状况相关。我们处于弗洛伊德所说的前意识的辞说中。在这些初期会谈之后，我向他索要某种象征性付费（paiement symbolique），无疑，我假定这能推动瓦莱尔放弃讲述那些人人都懂的故事，而去面对无意识之谜。他同意了。下一次会谈时，他带来一块灰色的小鹅卵石，很光滑。然后他拿起一张纸和一支黑色铅笔，一边画着一个很小的圆圈，一边说它很坏，之后他宣布说结束了，他不想再来了。

我们所说的"象征性付费"是由精神分析家弗朗索瓦丝·多尔多引入的一种做法。就是要求儿童把一个没有商品价值的东西（石头、盖戳的邮票、一小幅画……）给分析家，以此支付会谈。与一些精神分析家的建议不同，我从来没觉得这是非做不可的；因而，包括在接待瓦莱尔的时候，我也几乎没怎么去想到底要不要使用"象征性付费"。

和许多年轻的精神分析家一样，我在 20 世纪 70 年代参加了弗朗索瓦丝·多尔多在图索（Trousseau）医院进行的咨询。她接受让几个人参加她与孩子们的会谈。这既不是团体治疗，也不是上课。我们不仅在场而且还参与到咨询中，至少向那些进入咨询室的人打个招呼，但常常都会和这位富有创造性的精神分析家进行交流，她非常友善包容，常常征求周围人意见。她要求社会援助托儿所的年幼儿童们支付象征性费用，这看似很重要，因为这表明他们至少在这一点上有所选择——如果他们没带东西来，那是因为他们不想来；但是，在某些情况下，我觉得这只是一种仪式，多尔多并没有为其赋予特别意义，这个意义我们能够在别处读到。[1] 在多尔多那里，临床实践总是优先的。因此，一个孩子没带小石头就进了咨询室，这种情况时有发生。会谈就要开始，但是与会者中总会有一

---

1 参见弗朗索瓦丝·多尔多（Françoise Dolto）：《儿童精神分析研讨班 II》（*Séminaire de psychanalyse d'enfants 2*），巴黎，瑟伊出版社，《评论观点》，1991 年，第 107—124 页。

个声音来强调秩序。"夫人！他没有把费用带来！"那么弗朗索瓦丝·多尔多就会向孩子提议说："哦，对。那就去拿你的小石头吧。"

于是那个男孩或女孩就会去医院铺有小石头的院子里，然后再带着他／她的战利品回来。

象征性付费的想象

显然，象征性付费并不是一种支付，因为它不在符号性领域中。这不是一种支付，之所以提议用小石头（不是宝石）或者盖戳的邮票（不是藏品），正是因为它们没有商品价值。它不在金钱的符号性领域中，因为所交付的东西，说是用来支付咨询费，其实并不能像货币一样可以交换。多尔多也曾提议让一个儿童或青少年用自己的钱来支付一部分费用，她主张至少是零用钱的五分之一，或者像她在某些情况下的做法，当这名儿童承担起分析的所有费用时，所付金额被视为对他将会继承的钱财的预支，从他将来要获得的遗产中扣除。可是象征性付费并不是这样的情况。

不管怎么说，这种举措是符号性的，在一般意义上讲，它是一个标志，是弗朗索瓦丝·多尔多和托儿所的儿童们达成一致的、用来表达他们是否想要进行治疗的标志。[1] 无疑，在某些个案中有必要使用这样的手法，而且作为一般规则，精神分析家还要看他的小病人是同意还是拒绝，因为这是初期会谈的功能之一。因此，瓦莱尔就这样在初次见面时表达了他的接受。但是，要求象征性付费在

---

1 参见凯瑟琳·多尔多（Catherine Dolto）：《弗朗索瓦丝·多尔多与图索医院》（*Françoise Dolto et l'hôpital Trousseau*），在线可看：www.dolto.fr/archives。

这里没有任何用处，这里并不需要这种标志。而且为什么这个标志就永远不会骗人呢？做个标志可以像说句假话一样具有误导性。是分析家的倾听确保了言说（dire）的真实性。弗朗索瓦丝·多尔多指出："当一个儿童在会面时没有什么表露出来，我们能感觉到他是不愿意进行心理治疗的。他觉得这是他父母的事儿。"[1]这是一种建立在临床经验基础上的直觉。标志替代不了它。因此，非要瓦莱尔提供象征性付费可不是我所期待的一种标志。我的要求更像是对一个重复会谈内容的儿童的不耐烦。着急，担心治疗的有效性，甚至可能会担心自己的付出值不了这么多钱：所有这些都是反移情现象，都是些糟糕的想法。当然，我可以用理论来支持我的做法，但是，当理论提供了一些看似天衣无缝的解释时，我们就抓住这些理论不放，而这是有风险的。

从这个角度看，象征性付费的设置可被理解为一种必要条件，让一个儿童得以自由地表达他的暴力，他针对分析家的咄咄逼人的举动：我们可以这样做，付钱就是为了这个。因此，瓦莱尔在象征性付费后所表达的挑衅性，说到底就是用他的语言表现出他有能力陈述精神分析家们所说的负性移情，也就是说，以精神分析家为中介，来宣告他的敌对情绪，尤其是针对父母的敌对情绪。

可是，带来一块小石头，不管它有多光滑，都不意味着为会谈付费。是他的父母在支付费用。另一方面，在治疗的动力中，我没有把这种攻击性理解为是在象征性付费的明确语境之外对我讲的。坏的是小石头，不是分析家。因此，在事后，我明白了我的要求与其说是解放了话语，不如说是一个束缚，是瓦莱尔所抵抗的束缚。

1　弗朗索瓦丝·多尔多：《儿童精神分析研讨班 II》，第 110 页。

我把他带进了易货的暴力中。[1]

要求他以付款的名义给我一个东西，这样我就把他放在了玛丽的位置上，玛丽用自己的小怪兽卡片来换雅克的弹珠，因为她认为有了这些弹珠，她就可以弄到皮埃尔在一个惊喜福袋中找到的小戒指，皮埃尔自己则垂涎着马德兰的小汽车……有了易货，一切都可以交换，条件是我们要进入他人的欲望，并且在一段时间中搁置自己的欲望。有时，当涉及自身的生存时，这似乎是必要的。

一个女人在柏林

> 如果说少校强奸我，这是不确切的。我想，只需要我说上一句责骂的话，他就会离开而不再回来。……眼下，我受够了所有这些家伙的雄性冲动，我很难想象以后我还会向往这种事情。我这样做是不是为了熏肉、黄油、白糖、蜡烛、肉罐头？肯定有一点儿，是的。……这一切还没有回答那个问题：我是否能被叫作一名妓女？因为可以说我是以我的身体来谋生，可以说我是提供身体来换取食物。[2]

经济学家们是一些假正经。当他们谈到 1945 年德国战败时期

1　参见第一章。

2　玛尔塔·希尔斯（Marta Hilles）：《一个女人在柏林》（*Une femme à Berlin*），巴黎，伽利玛出版社，Folio 丛书，2011 年，第 182—183 页；也参见本书第一章。

易货完全取代了货币的时候，遗漏了一种在香烟等商品作为货币出现之前就有的交换对象，女人的性。玛尔塔·希尔斯在她匿名出版的日记中，讲述了尽管易货把她当成一件物品，她如何依然是一个女人，一个主体。

一开始，她亲眼见到或听别人说到那些获胜军人对她的同胞们实施的强奸恐怖事件。有的女人为此自杀，有的变得永远呆滞。接着，有了易货，一个士兵完事以后留下一包香烟，或者有些人会去买春："他们提供的主要是面包、熏肉和鲱鱼，面包的、熏肉的或鲱鱼的语言每个人都明白。"[1] 然后，"不再是最开始猎獗一时的强奸的蔓延。猎物变得越来越少。并且我听说，现在还有很多别的女人像我一样为自己找到了一些可靠的、不容触犯的保护人"[2]。这个年轻女子找到了一名军官来保护她。就是那个少校。她把自己出卖给他以求生存，她不是无偿地提供她的身体所带来的快活。男人为她提供食物，还有烈酒和雪茄，这些商品取代了缺席的货币。正是在此刻，她提出了自己是否在卖淫的问题，"如果说我现在的所作所为是在出卖肉体，那么，我将带着世界上的所有快乐离开这个职业，只要我能找到另一种方式，可以更好、更体面地活下去"[3]。

为了保障自己免遭强暴，为了摆脱那种用自己的肉体来换一小块熏肉的易货交易，也就是说，为了从致命的暴力中挣脱出来，需要将女性特质（féminité）货币化。当然，这不会不留下后果。柏林被军事占领的时期结束后，她的爱人回来了。他不理解，于是离开了，也许再也不会回来。让我们把话说清楚，绝对不能赞扬卖淫，

1　同前，第 181 页。

2　同前。

3　同前，第 184 页。

也绝不能认为处于强势地位的男性就有权购买女性服务。在此不过是想指出，在一种精神生活和肉体生命都受到威胁的极端情况下，在某种货币的近似物中重新找到一点点交易的符号性，就可以生存下去。还有就是，永远不要忘记易货贸易支持着什么样的暴力。

在精神分析家那里，没有以物易物，所有人都为其分析会谈付费，尽管弗洛伊德曾在 20 世纪第一年的一句相当过时的评论中指出："尤其是女性，对于付钱给医生会表现出某种不愉快。……某种程度上她们付给您的是她们向您所提供的表演。"[1]

小石头的坏

与货币不同，易货中交换的物品不具有流通性。用钱来支付会谈的正式做法，也就是说通过货币符号来支付，避免了陷入"别人想要什么？"这个话题的无休止的循环。即便一个儿童带来了一点钱——一欧元、两欧元或是五欧元，我们也不能拒绝说："对分析家来说，这可买不了什么。"[2]这是一根长棍面包或者寄一封信的价格，是一个羊角面包或一杯柠檬水的价格。有了这些钱币，我就能无差别地弄到这些东西。我不需要去猜能用这种货币跟雅克换什么东西，从而最终拥有马德兰的小汽车。货币的流动性可以让人直截了当地陈述自己的欲望。欲望不一定就能被实现——不是所有的东西都可以出售——但它得到了确认。

1　弗洛伊德：《日常生活的精神病理学》（*La Psychopathologie de la vie quotidienne*），巴黎，伽利玛出版社，Folio 论文集，1977 年，第 266 页。
2　弗朗索瓦丝·多尔多：《儿童精神分析研讨班 II》，第 122 页。

瓦莱尔带给我的小石头的确很坏，因为它迫使这个孩子进行易货。他把石头给我，换来用我的玩具讲故事的许可。但是我，要用它来做什么呢？我打算用它来换另一个男孩的画吗？或许我攒上一堆石头来换取一本集邮册？如果这块石头特别漂亮，我可以用它换取两块普通的石头，再用来换……不知不觉中，我把瓦莱尔登录在他者欲望的无意识冗长叙述里，冒着令他迷路的风险。因此，我可以这样来解释他的反应，就是他希望停止会谈：这是一种捍卫。他对此非常敏感，因为他父母的分开使他面对着他们的欲望之秘。他在会谈中编的故事，那些纠缠、争斗和寻找都未结束，标记着他希望不要了结。总有这么一个时刻，得向父母要分手的孩子解释，这个男人和这个女人，可能是丈夫和妻子，他们要分开了，但他们永远都是父亲和母亲。他们会继续用他们拥有的钱从物质上保障子女的生活，而且不需要偿还。他不需要用一个小时的在场、一个亲吻、一幅画或者一块小石头来交换父亲或母亲的爱，甚至也不需要去换一顿饭或一件衬衫。

货币，特别是那种在法国被称为"赡养费"的货币，可以保护儿童免遭易货的暴力。正是用它，父母们可以支付食物、衣服、彩色铅笔以及在精神分析家那儿的分析会谈。通过引入象征性付款，我让瓦莱尔突然陷入无限的和想象的交易螺旋中。他的画、他的话语让我明白了这一点。我不记得具体是以什么形式，但我最终同意了他。我说："小石头真的很坏。我们不需要它。"就这样，会谈继续进行。后来，他谈到了令他担心的事情。不仅是他父母的分手，还有奶奶的疏远。奶奶在他的俄狄浦斯世界中占有一个重要的位置。这些，他可以在治疗中与我分享，因为他不需要用什么东西来交换他的话语。是他的父母带钱给我，为这些会谈付费。对那些付给我的货币，我正是和他们一起共享着信任。

康庄大道和羊肠小径

虽然说金钱不是儿时的愿望，虽然儿童对金钱缺乏兴趣，既不认识我们挣来的钱，也不了解我们拥有或继承的钱，而只知道作为礼物收到的钱，对此正如弗洛伊德不断表明的那样，这也是因为父母（或占据这个位置的任何人或机构）对货币有着信任。他们对孩子来说是大他者的担保人，这一点甚至就是对童年的一个定义。而金钱处于大他者的这一边。[1]因此，付款的方式并不重要。精神分析家接受现金和支票——还不能接受信用卡，因为没有配备刷卡机——这在一个儿童的治疗中没什么影响。当付款人是消费者时，情况就不一样了。这时，支付工具即货币的形式，就是分析的一部分，无论我们意愿如何。

对所使用的货币价值的信任，随付款的方式而有不同的诉求，当一个商人只接受他认识的人开出的支票时，他是知道这一点的。现金由交易之外的第三方担保，这是分析家和分析来访者共享的大他者的形象，而一种信用支付的方式首先就带有对使用者的信任问题。我给你这张支票是因为我在银行里有足够的钱可供我支配。支票有可能是空头支票，信用卡也可能被拒付……而且通常，付款是在谈话结束时支付的。把这解读为一种咄咄逼人的欺骗、一种否认、一种儿童的立场，根据治疗的不同阶段，这些解读都是有可能的，但我们要知道，这无助于分析家的任务，他喜欢听到梦中的无意识

---

1 参见皮埃尔·马丁（Pierre Martin）：《金钱与精神分析》（*Argent et psychanalyse*），巴黎，Navarin 出版社，1984 年。

幻想、口误、分析来访者的叙述。在这里，重要的不仅是一个实在的客体，而且这个客体跟他有关，既然这个客体要给他付钱。无论钞票是被放在桌子上还是扔过去，是尊重他还是傲慢地递过去，其价值都是一样的，而且如果他们缺席，会谈没有及时支付，也不会有赖账，也不是一个延迟了的付诸行动，也没有金融机构介入分析来访者和分析家之间。发挥一下弗洛伊德的说法，我们可以坚持说，就像梦是无意识的康庄大道，钞票就是付款的坦途，但在精神分析中，不仅有梦，有时也需要借助于一些羊肠小径。

金钱的外衣

硬币和钞票对所有人都是一样的。在用现金时，优越的人和卑微的人使用的支付方式是一样的。但当他们使用银行卡或支票时，情况就不一样了。每家银行，每张信用卡，都有其特殊性，它是金钱的想象的外衣。有大银行发行的批量成卡和最普通的卡，也有一些私人银行推出的"私人定制卡"和金卡、银卡、白金卡等，相反的，收入很低的人则只出入某些公共银行机构。递出一张支票、一张卡片，不同于给出一张钞票，支票和卡片是在显示——当然也能够掩饰——一个人的财富。此外，一张支票携带着账户所有者的身份，也有着支票兑现人的姓名；账户明细见证了在分析家那儿的咨询。但是，随着货币交易变得更加非物质化——写有账目的支票变得过时，进行交易的人留下的痕迹变得更加清晰。信用卡结账会标明付款的地点、日期、时间。人们当下就会知道会谈进行的时间和地点。

20世纪70年代初，我在一家精神病学中心开始工作时，月底会去医院财务部领取一个信封，里面装着我的工资单和现金薪酬。

如果把它们换成美元，那它们还是值不少金子的——1944年签署的布雷顿森林体系当时仍然有效，但未持续多久。美元作为世界上各种货币的参照物，是可以兑换成黄金的：每盎司三十五美元。流通的是现金。虽然通货膨胀活跃，人们还是可以想象，每一种现金都有那么一点黄金为其背书。我会从在医院收到的钞票中拿出一些，作为付给我的精神分析家的会谈费用。没有通过金融机构进行的货币转账。每个人都可以想象自己带着一个钱袋，里面装着或多或少的黄色金属。这种想法非常虚幻，但还是有这种可能。

1971年，布雷顿森林体系宣告废除。美元不再跟黄金挂钩，黄金成为一种跟任何别的商品一样的商品，不再是一种支付手段。各种货币在外汇市场上升值，汇率浮动。于是在我们的钱包里，携带的只剩下信任，而不再是写在钞票上的兑现黄金的承诺。从那以后，开设银行账户成为必需，以便将收入转入账户。现金流通变得越来越少。当同一天的好几位分析来访者都提出下次见面再支付会谈费用时，我发现我工作室附近的那台提款机是空的。他们不是用从信封里取出的工资来支付，在大多数情况下，这些钞票是通过金融机构流转的。我们知道他们是在哪里以及什么时候去取的。

黄金、铅和铜

"（如果我们把分析比作纯金，直接建议比作铅）那我们不得不在分析的纯金中混入相当数量的直接建议的铅。"[1] 很多分析家

1　弗洛伊德：《精神分析治疗的新途径》（Les voies nouvelles de la thérapeutique psychanalytique），《关于精神分析的技术》，第141页。

都知道这个说法，他们往往都是准备好要高举弗洛伊德纯粹性的旗帜的人。在法国，这句话就更引人注目，因为它出现在一本名为《关于精神分析的技术》的文集的最后一页。在此，建议的低劣之铅与作为货币保障的贵金属对立起来。这不是合金，而是一种强制性的混合物，甚至是一种倒退的运动，因为我们不要忘记，炼金术士的梦想就是把铅转变为黄金。然而，弗洛伊德的文本并不完全是那样写的。"我们也很有可能必须……大量地将分析的纯金与直接建议的铜熔合在一起。"[1] 在第一个译本出来近五十年之后，另一个更接近原文的翻译是这么说的。不是铅，而是铜；不是一种混合物，而是一种合金，并且在用黄金来铸币的时候用的正是这种合金。

因此，并不存在一面是精神分析的纯色黄金（只能用一种等值货币、那种跟贵金属重量相当的货币、这些不参与任何金融交易的钞票来支付），和另一面是直接建议的低劣之铅（它如今被称为心理治疗，我们明白由于铅值不了多少钱，随便用什么来支付都可以）。必须用合金，唯一的问题就是比例问题。

如今，如果一个分析家要求所有来咨询的人在任何情况下都用钞票来付费，这是基于这样的一种确信：只有现金才能确保治疗的框架和精神分析家的中立。这种钱不会携带任何痕迹，就像一些没有盖上矿工印章的金锭，或者卡萨诺瓦赌博赢来的钱。[2] 现金携带的信任是绝对的，它可以在任何时候被转化为黄金——最后的价值、终极的货币。我们知道，这属于货币概念的一种古老形式，也是弗洛伊德并不支持的一种纯洁主义。这种精神分析的胜利相当于诺克

1　弗洛伊德：《精神分析疗法的途径》（*Les voies de la thérapie psychanalytique*），《弗洛伊德全集／精神分析·15》，第 108 页。
2　参见第三章。

的"医学的胜利",把精神分析的钱混同于精神分析家的钱。

> 分析家不会否认金钱应该首先被视为一种生存及获得力量的手段，但他认为，与此同时大量的性的因素在金钱的估量中起着作用。……因此，他一开始就下定决心……在病人面前，他对待金钱关系的方式是慎重坦率的，这与他在病人的性生活问题上所采取的教育态度是一致的。通过自发地向病人传达他为自己的时间所赋予的价值，他向病人证明自己已经摆脱了某种假正经。[1]

自从弗洛伊德有这番意见以来，一个世纪已经过去了。关于金钱和性欲的假正经已经远去，这也许部分得益于精神分析。但是金钱在治疗中的位置并没有改变。精神分析家的钱和病人的钱具有相同的功能。是货币让他们能够获得生活必需品，并给了他们办法不至于沦为这个世界的奴隶。货币按市场条款在他们间进行交换，支撑着他们对其符号性功能的共同信任。无论货币采取什么形式，从其流动性得到保证的那一刻起，就只有货币才能排除分析家欲望的问题，因为它不包含任何使用方面的限制。我接受欧元，但不接受当地货币。[2]

---

1 弗洛伊德：《治疗的开始》，第 90 页；以及《弗洛伊德全集／精神分析·7》，第 172 页。
2 参见第四章。

毫无价值的钱

不过，精神分析家收到的这种货币披着精神分析的钱的外衣，里面是一些被理论描述为口欲的、肛欲的、生殖的性欲因素，它们在临床中都能找到。这些因素在金钱的估值中发挥着各自的作用，但在货币的价值中却没有。因此对于分析家来说，要褪去金钱的色情外衣，要摆脱对其工作的货币价值的所有羞耻。而且我们看到弗洛伊德在和别人的书信往来中担心马克的市价，期待美国病人带着美元来，并责备他的一些弟子收费不够高。

因此，精神分析家可以捡起货币身上穿的旧衣服。付得一分不差或者总是付得太高，准时付款或者经常遗忘，仔细折好的支票或者皱巴巴的纸钞。这些，在这个或那个时刻，借助于一些失误行为或口误，都能被理解为某个无意识言语的突现。但这种突现在市场上并无价值。精神分析家的钱变成了货币，而精神分析的钱毫无市场价值。

术语表

acte manqué　失误行为

ambivalence　矛盾情感

analysant　分析来访者、分析者

analyste　（精神）分析家、分析师

argent　金钱

Autre　大他者

avarice　吝啬

avidité　贪欲

avoir　有、财产

chrématistique　货殖学

cupidité　贪财

demande　请求

discours　辞说

économe　节俭者

envie　嫉羡

être　是、存在

féminité　女性特质

flambeur　赌徒、挥金如土者、（燃烧的）挥霍者

honoraires　诊费

imaginaire　想象

inscription　登录

jalousie　嫉妒

jouir, jouissance　享乐

lapsus　过失（口误、笔误等）

monnaie　货币

monnaie primitive　原始货币

mot d'esprit　谐语

objet　客体、对象

paiement symbolique　象征性付费

passage à l'acte　付诸行动

phallus　石祖

praticien　从业者、分析家

prodigue　慷慨者、挥霍者、浪荡子、败家子、（慷慨的）浪子

proto-écriture　文字原型

proto-monnaie　货币原型

rapport　（符号性的）关系

réel　实在

registre　领域、登录范畴

relation　（想象性的）关系

sujet supposé savoir　假设知道的主体

symbolique（symboliser）　符号、符号性、象征、象征性

transfert　移情

troc　以物易物、易货

译后记

您与金钱的关系是怎样的？您有金钱方面的烦恼吗？这本《金钱：从左拉到精神分析》，应该可以为您的思考提供一些参照。不过，这只能是参照，不可能给您一个标准答案。每个人自己的金钱问题，别人又如何替代作答？这本书讨论精神分析当中的金钱，讨论精神分析理论是如何看待金钱的，讨论金钱在我们精神世界的位置与作用，讨论精神分析家如何收费，讨论分析者如何付费。因此，对您思考金钱问题，它应该可以成为一个可靠的参照。作为本书的译者，我们有一些翻译心得，表述如下，希望能帮助读者们理解这本著作。

一、金钱对精神分析的一般意义

弗洛伊德说："分析家不会否认金钱应该首先被视为一种生存及获得力量的手段……因此，他一开始就下定决心……在病人面前，他对待金钱关系的方式是慎重坦率的……通过自发地向病人传达他为自己的时间所赋予的价值，他向病人证明自己已经摆脱了某种假正经。"

这段话作者在书中也有引用。这说明精神分析家与分析来访者是基于金钱的一种职业关系。作为一个职业，精神分析家，像医生、律师、画家、工人和农民等一样，要靠工作获得报酬来安身立命。

职业工作就是应该得到职业报酬。如果精神分析的工作帮助到了分析来访者，那么分析家就应该得到分析来访者给出的金钱，这比什么都干脆。如果不让分析家有这份获益，或者把这份获益变得复杂化或多样化，那么最直接的结果就是分析家这个职业不再存在。我们不可能让分析家在别处挣钱，而只是把与分析来访者的工作当作一个娱乐或爱好，那样的话，分析的效果与分析的意图也必然值得商榷。

即使是在像学校这样的机构里工作，不是来访的学生直接付费给分析家，分析家也是因为学生来进行心理咨询而被学校付了薪酬的。不是那么直接，但分析家与来访的学生之间，依然是一种基于金钱的职业关系。即使是在公益的心理咨询机构里工作，咨询师也应该被付费，由公益的主办方或者赞助方来付费。

分析家对待金钱的态度与方式应该非常坦率，不能有弗洛伊德所说的"某种假正经"，因为他不是不食烟火的神仙或圣人。

二、金钱的符号维度

金钱起着界线的作用。钱即线，为工作进行付费，符号性地构建了一条红线，这条红线不仅把精神分析的临床工作放置在职业的范围内（即金钱对精神分析的一般意义），也把分析的效果放置在分析来访者这边。是分析来访者在付费，所以我们的工作是为了理解分析来访者，是为了解决或者减轻分析来访者的精神痛苦与心身症状，虽然这些不能直接做到，但是一个好的分析效果会做到这一点。或者说，是分析来访者在付费，所以我们的工作是为了理解分析来访者的无意识，从而让他找到应对和享用自己生活的方式和位置。

在与分析来访者的工作当中，如果分析家被激发起自己不能控制或者自己不明白的内心动荡，那么这个分析家就应该去自己的分析家那里做分析，或者去自己的督导师那里做督导，花自己的钱。除了得到分析来访者的费用，精神分析家不能从这个来访者那里主动获取任何其他利益。为分析来访者的分析，不是为了满足分析家的私欲与自恋。尽管与分析来访者的工作，常常会帮助分析家理解自己，理解人性，也会帮助分析家理解或创造精神分析理论，但是所有这些出现的前提是：为了让分析来访者获得分析的效果。

精神分析当中金钱的符号性还体现在：分析家必须理解，用来支付治疗的金钱是货币，金钱与货币并不是一回事，金钱的符号性是通过货币体现出来的。简单地说货币的符号性指的是：纸币本身没有价值，但是它代表了一定的价值。按作者的说法，是"主人"（国家、国王、社会，等等）确保了货币的价值。支付与接受一种货币，双方就必须对它的价值达成一致，共同信任这个第三者，也共同面对这个第三者价值的波动。可能是无意识地，双方都会认可：货币的这一符号性的价值能购买一些"心理事物"的价值。也就是说，这一符号性的价值能对分析来访者的想象之物（甚至是无法想象之物）进行象征化与符号化。

这也就是本书作者在中文版序言中所说的"主体正是用这种货币来支付压抑。因此，一个分析来访者在治疗中使用金钱来支付会谈，是为了不再使用焦虑来为自己受到压抑的情感活动买单"。顺便说一下，这也是为什么精神分析就其本质而言不能是一个慈善事业的原因。分析来访者必须为他的分析买单，这才会是一个真正的精神分析。

三、金钱的想象维度

分析来访者给分析家的费用赋予了某种想象的含义，弗洛伊德说"大量的性的因素在金钱的估值中起着作用"，他尤其注重金钱与肛欲的性冲动之间的心理价值连接，即分析来访者在金钱上附着了大量的肛欲期的想象。今天看来，这一观点并未过时，只不过是性的因素变得更加隐晦与弥散。分析来访者可能会觉得钱是肮脏的，也可能觉得钱是全能的；可能觉得费用太高，也可能觉得费用太低，等等。分析来访者的付费方式也可能具有某种分析来访者不愿明说或者还未知晓的想象。这些反映了分析来访者对分析家及分析工作的信任与猜疑，也反映了分析来访者在生活当中对金钱的吝啬与慷慨，守财与挥霍，等等。这些更对应着分析来访者自生而来的对这个世界的情感体验及与这个世界的关系模式。

一个精神分析的临床工作，在某种程度上就是要清理金钱携带的这些想象，它们或者过量、或者匮乏、或者创伤、或者色情、或者自恋……当然，只有开启金钱的符号维度才能完成清理，即前文所说的货币的符号价值能购买"心理事物（记忆、梦、含糊矛盾又不合逻辑的想法以及情感）"的价值。

不过，在清理想象时，要当心不要使用易货贸易的暴力。对于易货贸易的暴力，作者在书中做了精彩的讨论。简言之，就是不要让分析家的欲望干扰分析来访者的述说，分析家的倾听也不能被分析来访者的欲望困住。这一点主要体现在精神分析家不能兜售解释。虽然分析的工作免不了有解释，但是分析家的主要工作并不是提供现成的解释来交换分析者的费用。绝不能将分析家看成一个贩卖知识的权威。分析家是一个出租时间与空间的人。这个空间，因为有着分析家的倾听及咨访双方移情的发生，成为一个特殊的空间。这个空间不会在家庭、教室、会场或者其他职业场所出现。分析家如果有解释，那也是为了更好地出租这个符号空间，让分析者在这个空间里呈现、重塑，创造自己。

也只有货币的符号性才能褪去金钱的想象。因为这种符号性会最大限度地保证精神分析工作的纯粹性。一旦分析结束，分析来访者离开了分析室，就不需要去猜测分析家用钱来做什么。因为货币具有极大的流通性，所以即使分析来访者有猜测，也没有什么准确性可言，相反只能更进一步反映出分析来访者的想象和欲望。对此，作者在本书最后一章中写道："无论货币采取什么形式，从其流动性得到保证的那一刻起，就只有货币才能排除分析家欲望的问题，因为它不包含任何使用方面的限制。"

除了货币的流通性之外，货币的信用也非常重要，分析来访者与分析家正是基于对共同的第三方（货币）的信任而展开工作的。没有良好的货币信用，货币的符号功能就会大大减弱，它清理想象的能力就会受到质疑。良好的货币代表着大他者的稳定，代表着社会的稳定。弗洛伊德希望他的分析来访者用美元付费，他的这一希望无意间预示了二战后美元的相对稳定与繁荣。

每一个对想象的分析都是丰富与独特的。本书自身就是这一丰富性与独特性的绝佳例子。正如本书的副书名"从左拉到精神分析"，作者从左拉的《卢贡-马卡尔家族》中的《金钱》开始，通过多部文学与艺术作品（莫里哀的戏剧《悭吝人》、陀思妥耶夫斯基的短篇小说《赌徒》、童话《小拇指的故事》、小仲马的小说《茶花女》、茨威格的小说《变形的陶醉》、鲁本斯的画作、改编成电影的舞台剧《匪医诺克》，等等），对金钱的想象维度与符号维度都进行了细致的精神分析式讨论。

作为译者，我们读完作者对金钱进行的精神分析之后，有一个切身的感受：金钱，这个主要以货币形式在社会里广泛流通的事物，我们在使用它，而它也背负着无意识欲望并驱使着我们。

四、谈谈分析家的收费

按前文所提，我们应该能明白一件事情：分析费用是精神分析临床工作的内在组成部分。分析家要收分析来访者的费用，这个费用还不能无关痛痒。但是，这并不是说分析家一定就要收分析来访者高昂的费用。在分析工作当中，分析家必须是一个主体，所谓主体就是说，相对于不同的分析来访者他会表现出不同的面相，而不是只有一个固定的面貌。因此，分析费用不能被确定为一个固定的价格，分析工作并不是商品。而分析来访者也必须是一个主体，一个人在社会当中获得的财富，有着机遇与幸运的成分，有的分析来访者的一百元比另一个分析来访者的一千元更有分量。

因此，分析的费用应该是一个分析家和一个分析来访者之间协商的结果。分析家必须有足够的开放性与弹性，针对每个来访者的具体情况确定具体的费用。无论富贵还是贫穷，分析来访者如果有分析的意愿，那么他只要付出协商好的费用，他就应该能进行一个精神分析。分析费用，它给精神分析带来的必须是流动，绝不能是障碍。

正是在这个意义上，以货币形式支付的分析费用，超越了经济学领域，在保证符号性功能的同时，在一个主体与另一个主体之间，闪耀着平等与尊重之光。

作为一个分析家，作者在书中说："即便一个儿童带来了一点钱——一欧元、两欧元或是五欧元，我们也不能拒绝说：'对分析家来说，这可买不了什么。'这是一根长棍面包或者寄一封信的价格，是一个羊角面包或一杯柠檬水的价格。有了这些钱币，我就能无差别地弄到这些东西。……货币的流动性可以让人直截了当地陈述自己的欲望。欲望不一定就能被实现——不是所有的东西都可以出售——但它得到了确认。"我们相信很多中国的分析家，在初次会谈当中会对他的分析来访者说类似这样的话："您的分析费用具体付多少，我们可以协商，但是您要用人民币来付。"

虽然是译者，但是我们以上的理解也不一定就是作者的原意。并且，每读一遍，我们都会又有一些新的理解。这也可能说明：金钱在精神分析当中引起的风波与矛盾绝不会简单。我们的翻译心得必然是挂一漏万，仅能算作引玉之砖。相信不同的读者阅读原作之后，一定会有更多的理解。因此，真诚欢迎大家阅读此书，对我们的翻译与理解提出批评指正，并且希望有一天也能真诚地与大家交流读书所得。

本书在翻译过程中，得到了作者阿夫纳拉先生的许多支持，多次回答我们的翻译疑问，耐心帮助我们疏理文意，最后还慷慨赐序。本书是《阿夫纳拉作品系列》的四本著作之一，广西师范大学出版社的吴晓妮编辑与叶子编辑在这一系列作品的引进、翻译与出版过程中都给予了巨大支持，在此特别致谢。

整个作品系列的翻译历经了三年，三年来世界发生了很多变化，新冠疫情的脚步还没有真正远离我们。但是，冰面之下，河水从未停止流淌；黎明之前，村庄已升袅袅炊烟。一切都会好起来。祝愿所有的读者：在新的一年里春风化雨，逢事成吉！

严和来　于中国南京

华璐　于意大利都灵

2022 年 12 月